国家自然科学基金资助项目（项目批准号50578040）
国家科技支撑计划2006BAJ03A04-01

建筑归来

旧建筑改造与再利用精品案例集

陈宇 著

人民交通出版社
China Communications Press

图书在版编目（CIP）数据

建筑归来：旧建筑改造与再利用精品案例集／陈宇著.—北京：人民交通出版社，2008.11
ISBN 978-7-114-07431-8

Ⅰ.建… Ⅱ.陈… Ⅲ.建筑物-改建-案例-世界
Ⅳ.TU746.3

中国版本图书馆CIP数据核字(2008)第156736号

Jianzhu Guilai Jiujianzhu Gaizao yu Zailiyong Jingpin Anliji
书　　名：建筑归来——旧建筑改造与再利用精品案例集
著 作 者：陈　宇
主　　编：贾　方
责任编辑：岳明胜
出版发行：人民交通出版社
地　　址：(100011) 北京市朝阳区安定门外外馆斜街3号
网　　址：http://www.ccpress.com.cn
销售电话：59757969,59757973
总 经 销：北京中交盛世书刊有限公司
经　　销：各地新华书店
印　　刷：北京画中画印刷有限公司
开　　本：889×1194 1/16
印　　张：17.75
字　　数：415千字
版　　次：2008年11月第1版
印　　次：2008年11月第1次印刷
书　　号：ISBN 978-7-114-07431-8
定　　价：240.00元
(如有印刷、装订质量问题的图书由本社负责调换)

序 言

20世纪60年代以来，西方一些发达国家相继进入一个“逆工业化”(Deindustrialization)的历史发展阶段，其重要表征是：城市中传统的制造业、运输业和仓储业持续衰退，新兴产业逐渐取代传统的产业，金融、贸易、科技、信息与文化等方面的功能日趋成为城市特别是大都市的主要职能。于是，过去在制造业基础上发展起来的城市出现不同程度的结构性衰落。

进入新千年，中国城市也逐步进入一个产业布局、类型、结构重构和转型的发展阶段，城市工业用地功能置换、整治改造正成为许多城市建设，特别是旧城更新改造过程中的主题。以南京为例，南京就采取了“退二进三”，“退二优二”和“退工改居”的三种产业类建筑改造和保护模式。中央门老工业基地、湖北路微分电子厂、晨光机械厂、7316厂等均经历了一个这样的改造过程。其实，在国内其它城市均有大量的类似案例。

我们工作室关注产业类历史地段和建筑保护再利用的研究和实践已经有十多年，并先后有多位研究生参与了北京、南京、常州、唐山等城市的工业地段和建筑保护改造工作，有3位同学还以此为课题完成了学位论文。2006年，我们在这一研究领域获得国家自然科学基金的资助。陈宇博士也持续关注这一领域的研究，他利用在瑞典皇家理工学院(KTH)进修的机会，考察了不少相关案例并发表论文。回国后他又着手搜集、整理、分析和研究国内相关产业旧建筑改造利用的实施案例，并完成了本书的编写。

我作为本书的第一位读者，觉得该书具有以下几方面价值：

1.系统介绍了国内一些经济发达地区城市的产业建筑保护和再利用的实践做法，给其他城市对于此类建筑的价值和改造潜力认定提供了决策参考。

2.从建筑师和实际使用者的角度，深度分析了书中所列工业建筑改造案例的改造策略、设计特色和使用情况，为该领域研究提供了基于中国国情的翔实案例，书中分析的丰富素材也为从事相关设计和改造实践活动的专业技术人员提供了具有实用性和操作性的参考。

3.该书分析的中国实践案例也部分颠覆了人们对于产业类建筑“脏、乱、差”认识的思维定式，这是很有意义的。

传统上，很多人都认为倒闭或废弃的厂房和库房等是经济衰退的标志，因而常常成为城市更新改造中被首先考虑清除的对象。由于产业建筑的舒适性和配套标准较低，而且常常还存在不同程度的结构耐久性和污染问题，所以，一般的改造再利用也要包含先期维修和环境治理的资金投入。因此，我国城市中相当多的产业类历史建筑还是遭到拆毁废弃并以极快的速度消逝，包括自然损毁与人们基于急功近利思想的建设开发性破坏。不过，近年已经有越来越多的有识之士开始认识到产业类建筑地段的价值及其在城市发展更新中的再利用潜力。今年我们出版的基于多年研究成果的专著——《后工业时代产业建筑遗产保护更新》和陈宇博士编写的这本以国内案例深度解读为特点的书等就是国内学者在这一研究领域的有益探索，我们相信，如果广大读者能够有机会阅读本书，一定会对产业类建筑的历史价值、艺术价值、社会价值和再利用价值有一个新的认识。

王建国

2008年7月27日于东南大学四牌楼校区

Contents

Contents

Contents

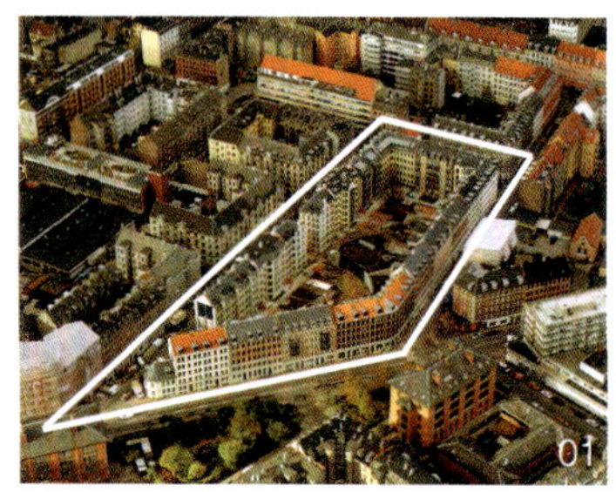

后工业时代中国产业建筑改造与再利用实践

01 丹麦哥本哈根的 Hedebygade 街坊绿色社区改造
图片来源:哥本哈根 SBS Byfornyelse 公司

02 Aker Brygge 混合区的改造
图片来源:Ann Breen/ Dick Rigby, The New Waterfront, Thames and Hudson, 1996 第 34 页

1 产业建筑改造与再利用发展概况

随着人口的不断增长,城市化进程的推进,世界资源的消耗也在加速。在城市建设领域,重新设计和利用原有建筑景观和城市设施成为国内外关注的城市发展策略。建筑的能源消耗占全球能源消耗的 30%~40%,众多的老旧建筑在建筑供暖等日常使用中消耗浪费了大量的能源,而拆除重建又会导致更大的能源浪费和经济问题,而改造再利用的开发方式可减少大量的建筑垃圾及其对城市环境的污染,也减轻了在施工过程中对城市交通、能源的压力,符合可持续发展的要求。所以对老旧建筑进行再利用成为发达国家非常重视的城市更新策略。

在城市更新和旧建筑再利用实践中,产业建筑改造与再利用占有相当大的份额,产业建筑的适应性改造与再利用课题亦已成为学界的研究热点。由于社会经济发展水平的差异,欧美发达国家的产业建筑改造与再利用的进程和特征与我国目前的产业建筑更新改造热潮有很多不同。

1.1 欧美发达国家的产业建筑改造与再利用实践

欧美城市的更新改造经历过内城贫民窟改造和产业建筑改造两个阶段,内城贫民窟改造的经验为旧城更新策略指明了方向,也为稍后开始的产业建筑改造模式进行了思想准备和理论研究储备。

在现代主义思潮盛行的 20 世纪下半叶,欧美城市化的快速发展创造了巨大的郊区,城市以全新的规划扩展,工作、商业、交通和居住区域被严格的分开,在不少地区内城出现衰败现象。为了复兴内城,清除贫民窟、大拆大建是主流方式,造成了地区特色丧失、社会冲突加剧、记忆断层等众多问题。在维权的市民、有社会责任感的学者和热心执着的社会工作者的努力下,推进旧城改造的当局开始反思大拆大建的弊端,重新研究城市更新的策略。面对挑战,公共当局、城市规划者和建筑师放弃了大尺度的城市更新发展,开始关注空间密度高、功能混合的城市古老生活理念,内城的更新方式发生了根本改变,更新以保护、改善和插建为主,政府经济支持旧住宅改造,以法律保证居民参与改造过程(见图 01)。

欧美发达国家从20世纪的60年代起，开始从工业时代走向后工业时代，城市功能改变，产业结构布局调整，第三产业逐渐发展并取代了第二产业居于主导地位，导致传统工业逐渐衰落，原有的厂房、仓库、码头等建筑设施失去原有的功能而被大量的闲置，出现了“逆工业化”现象。而日益紧缺的资源和环境保护运动的高涨使珍惜资源、采取可持续发展策略成为公众逐渐认同的理念。当欧美城市发展需要更多空间时，不再采取单一向外扩展的模式，转向充分挖掘原有城市空间的潜力。因此，废弃闲置的产业建筑和地段成为开发再利用的热点。而之前的城市贫民窟改造和内城复兴，让各界逐渐认识到旧建筑的历史价值和文化价值，认识到大拆大建是对城市发展连续性的伤害，是对原有社会网络和人际关系的破坏，认识到物质环境的改变必须尊重人们的情感、记忆和原有生活方式的延续。这也保证了产业建筑的改造利用不再重走贫民窟改造的弯路。从一栋厂房到整个厂区到大片的工业区，很多优秀的改造项目涌现出来，如Aker Brygge(挪威的奥斯陆)混合区的改造(见图02)、英国阿尔伯特船坞仓库改造成泰特美术馆、由仓库建筑群改建成的洛杉矶临时现代博物馆、2001年被列为世界文化遗产的德国埃森的“关税联盟”12号矿区和炼焦厂建筑群改造、瑞士苏黎世蒂芬布鲁纳面粉厂改造等。

产业建筑的改造与再利用思想逐渐被主流社会接受，这与学术领域的长期关注和呼吁是分不开的。1978年，在瑞典召开了第三届产业纪念物保护国际会议，会上成立了国际产业遗产保护联合会。从这时起，产业遗产保护的对象开始由产业“纪念物”转向产业“遗产”。2002年在柏林召开的国际建协21届大会的主题就是“资源建筑”(Resource Architecture)，鲁尔工业区再生等一系列产业建筑改造案例得到广泛的认同。2003年7月10~17日，在俄罗斯召开了第12届TICCIH大会，会上通过了《有关产业遗产的下塔吉尔宪章》，该宪章是有关工业遗产保护的最为重要的国际宪章。这些会议和宪章进一步推动了产业建筑改造的水平，这些项目的成功也导致了工业遗产保护和再利用得到更多承认和理解，创造出了巨大的影响力。

1.2 中国的产业建筑改造与再利用实践

改革开放前，我国城市建设的主要工作都是建设，由于经济发展水平不高，建设量不大，总体来看，城市的发展是渐进式的，城市面貌的变化也是缓慢的。进入 20 世纪 80 年代，中国经济发展速度有了跳跃式的增长，城市实力大增，整个社会都有强烈的愿望去改善长期形成的低品质的居住条件和城市环境。建设部试点居住小区的推广全面提升了新建的居住环境品质，这些居住小区多在城郊，而老城区的环境改善仍是难点。住房供应体系改革后，城市进入一个以更新再开发为主的发展阶段，房地产市场的兴旺加快了老城区更新改造的步伐。在此过程中，大拆大建一直是主导模式，只有个别城市个别项目，因为专家对保留有价值的老建筑的呼吁，或者因拆迁补偿的争议引起过对该模式的反思。普通公众对老城区旧建筑的价值并没有全面的认识，老城区大拆大建的更新模式和社会环境对产业建筑的价值认识是不利的。

20 世纪 90 年代开始，发展于上个世纪初和中期的传统产业逐渐衰退，城市社会经济也正处在产业布局、类型、结构的重构和转型阶段，一些曾经位于城市边缘的工业厂区随着城市的扩展逐渐被围合在城市中心，不仅制约了企业自身的发展，也对城市的更新及环境治理造成了不利影响。在新经济的发展过程中，一些企业的破产倒闭，一些企业利用转型转向的机遇，跳出了老城区发展。这些都使老城区留下了大量闲置的厂房和设施。

随着经济的快速发展，城市化进程的加快，我国城市空间也面临不断增长需求的压力，闲置的产业建筑成为可再生利用的空间资源得到重视。早期，闲置的厂区受到房地产开发商的关注，开发商通过种种渠道，付出很少的代价就可以得到土地，采取大拆大建的模式开发。随着房地产市场的兴盛，各项法规逐渐出台，开发商只能通过拍卖方式拿地，因为看好前景，土地拍卖中不断出现地价飙升的地王，很多闲置厂区在此阶段被快速开发。

由于这些老厂区的土地区位好，开发商获得巨大利益，而原工厂和职工却难以分享利益。因此，更多的企业不再轻易出售厂区。而从 2007 年下半年起，房产市场开始变化，实力弱的开发商拿不下老厂区升值的土地，实力强的开发商拿下后由于市场变化和资金流压力也出现退地潮，如 2007 年 9 月某房产公司拿下福州原玻璃厂和保温瓶厂地块，却在 2008 年 2 月宁愿损失 7000 万元保证金，又把土地退还给政府。这些新情况也促使政府和拥有闲置老厂区的企业尝试多种多样的利用模式。

1.3 中国产业建筑改造与再利用的模式

从主体来看，目前产业建筑改造利用的模式主要可以分为政府主导的公益模式、企业主导的自营模式和开发商主导的出租模式三类。

1.3.1 政府主导的公益模式

政府主导的公益模式是指政府从城市总体规划需要出发，征用闲置的厂区建设公共设施。如上世纪50年代建造的上海钢铁十厂，上世纪80年代被迁出来后，工厂闲置了差不多有十年。由于老厂区位置好，很多开发商想开发此地块。在上钢新一轮的城市总体规划中，考虑到城市整体公共设施配套和环境品质提升，上钢十厂的用地性质被定位为文化、服务等公共设施用地。2005年11月，上钢十厂最大的老厂房改造成为上海城市雕塑艺术中心，很受公众欢迎（见图03）。1998年，广东中山市在“退二进三”背景下，把中山粤东造船厂旧址改建为一处以“产业旧址历史地段的再利用”为主题的岐江公园，设计师保留了船棚、变电器、龙门吊、烟囱等旧时遗存，以现代景观设计手法重新组织空间景观，创造了一处有历史内涵的高品质城市开放休闲场所。这种模式主要关注的是公共利益，厂方本身难以有好的经济回报，因此，按此模式进行改造的产业建筑项目不多。

1.3.2 企业主导的自营模式

企业主导的自营模式是指企业自身通过转向，利用厂区在老城区的好区位，经营第三产业或者直接出租场地。在产业转型的初期，很多工厂破产倒闭，工人下岗，一些工厂为解决生计把厂房出租或经过简单的改造以后，变成小吃、商店等其他一些商业用途的建筑。如上海苏州河畔的原上海春明粗纺厂出租厂房，很多画家入住，形成有艺术氛围的特色地区，并逐渐扩大影响建成了M50创意园。原濒临倒闭的南京丝织厂其厂房建筑质量较好，紧靠南京市核心地段鼓楼广场，改造为“好世界”餐饮娱乐综合设施后，经济效益大增（见图04）。位于南京湖南路狮子桥美食街的南京微分电机厂改造为餐饮设施后，旧厂房也得到充分利用。大多数企业的老厂区、旧建筑利用属于此种模式。企业在探索生存竞争之道中，由于受区位（不是所有老厂区都在繁华地段沿街或易到达）、项目改造方向定位选择、自身经营管理水平等限制，这种模式并不是都能成功。但长远来看，此种模式也有优点，由于主导权在企业，只要经营好，能够保证企业长久的利益回报。

03 上海城市雕塑艺术中心

04 南京丝织厂改造的餐饮娱乐综合设施

05 “8 号桥”创意产业园区

1.3.3 开发商主导的出租模式

开发商主导的出租模式是指开发商从企业租得资源，进行整体包装改造后二次出租。目前，成为热点的创意产业园项目大多数属于这种模式。如上海的“8 号桥”原是上海汽车制动器公司的闲置厂房，被上海新天地的“时尚生活中心有限公司”发现。该公司租下 20 年使用权，并邀请日本设计师进行整体改造。“8 号桥”创意产业园区的整体策划运作很成功，其租金已相当于上海甲级写字楼的租金标准。通过改造，老厂区散发出新的活力，也带动了周边地区进一步的发展（见图 05）。类似的实例还有南京汉中门地区的南京第二制药厂改造。2004 年制药厂搬迁后，一位福建的投资商与厂方签订 10 年的租赁合同获得原厂区的使用权。经过精心包装改造，旧厂房被赋予餐饮、休闲娱乐、办公等功能再次出租，短短三年全部收回改造成本。由于有专业的开发商运作，此类模式改造的水平一般较高，项目经营的效益也好，但由于一次性的签订了租赁合同，厂方难以分享到项目当前的高收益，随着同质产品的增加，远期收益更不确定。

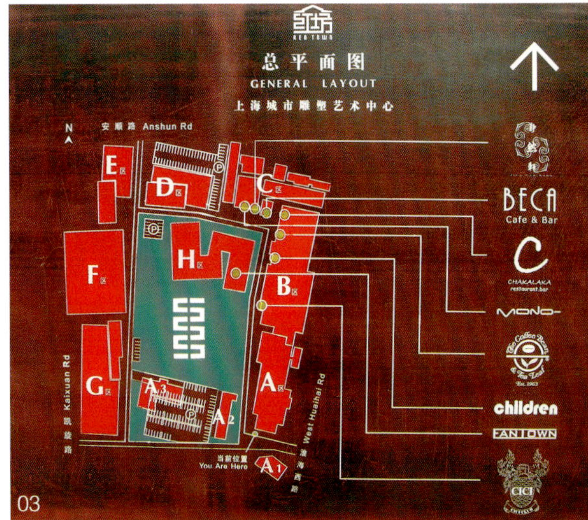

03

04

05

1.4 中国产业建筑改造与再利用实践中存在的问题

无论何种模式，中国目前大量产业建筑在适应性改造和再利用过程中，还存在不少问题。

第一，对产业建筑的价值缺少认识，未能全面评估；

第二，对产业建筑的改造策略缺少针对性的具体研究，导致改造模式单一，盲目跟风；

第三，规划管理、土地利用性质和产权层面的很多矛盾直接影响到改造项目的功能定位、改造投入和改造质量；

第四，产业建筑改造往往只关注建筑外观形象或室内效果，改造后整体空间环境的品质参差不齐；

第五，对节能、环境保护不够重视或理解狭隘，技术改造投入不足。

近年来，随着国内产业建筑改造的项目逐渐增多，也出现了一些优秀实例。除了前文提到的上海雕塑艺术中心、岐江公园、“8 号桥”、M50 外，还有上海啤酒厂改造、上海的 URBN 酒店改造、北京外研社二期厂房改造、北京远洋艺术中心、“798”工厂、苏州的北仓门生活艺术中心等案例。通过优秀案例的研究，能够对我们解决以上问题有所帮助。以下，将针对这些问题逐一讨论，希望对提升我国产业建筑改造利用的实践水平有所启示。

06

07

06 闲置的淮安水泥厂
07 杭州化纤厂的旧厂房
08 北仓门生活艺术中心

2 产业建筑的价值评估

2.1 价值评估的必要性和意义

对产业建筑的价值认识，决定了我们对它的态度。在上世纪50、60年代，我国的工业化刚刚起步，高烟囱、大厂房、新机器代表了社会进步发展，是未来美好生活的象征，多建工厂是大家赞许的决策。而今天，在关注环境保护的新世纪，浓烟滚滚的大烟囱令人生厌，对于普通公众来说，媒体上报道新拔掉多少根烟囱绝对是好消息。闲置破败的厂房是颓废的景观，城市美化者要清除它，有眼光的开发商却看到了商机，历史学家和建筑学者可能看到其丰厚的历史内涵和建筑艺术价值（见图06）。

如2002年时位于苏州河西段的老上海啤酒厂，在建设绿地公园时，原厂区建筑一半被拆毁，在拆除过程中，专家们发现啤酒厂是著名建筑师的作品，在上海的近代工业设施中价值很高，应该保留，规划部门及时停止了拆除工作，当时引起很大的争议。反对者不理解为什么要保护这个破房子？专家们耐心介绍这个房子的价值，认为只要稍加整修恢复原状，肯定是很好的房子。经过修缮，灌装车间被改建成为苏州河展示中心，酿造车间被改建为集酒店、餐饮、娱乐为一体的俱乐部，厂区面貌焕然一新，整个改造工作收到了很好的生态效益、社会效益和经济效益。

不同的人对产业建筑的价值认识可能不同，对其态度也会不同。因此，只有全面了解相关产业建筑的历史和现状，对其价值全面评估，才可能采取合适的策略方法来处理项目改造和再利用过程中的各种问题。

2.2 产业建筑的价值构成

产业建筑由于区位、兴建年代、规模、产业类型、使用情况等因素不同，所具有的价值也各不相同。从适应性改造和再利用角度来看，价值评估可以分为实用价值和历史、艺术、科学研究、情感等非实用价值两大类。

2.2.1 实用价值

实用价值评估的重点是了解相关产业建筑的现状和实际再利用的可能性，可以从区位、外部空间、建筑本体三方面着手。

区位是第一要素，待改造项目在城市中的位置、交通可达性、周边公共服务设施配套情况都是项目能否成功的关键影响因素。评估时要结合城市规划中对该区位的近期和远期建设项目综合考虑，新开的道路或即将兴建的公共设施会是有利条件，增加该区域的吸引力。

老城区中城市空间是宝贵资源，待改造项目如果有较大规模的外部空间，对再利用来说会增加灵活性，可以适应多种改造方式和解决停车问题。评估时，外部空间的大小、形状、坡度、景观、绿化和管线等基础设施情况都应考虑在内。

建筑本体评估主要包括结构性能、建筑质量、建筑空间的功能适应性和环境性能评估。

建筑结构性能评估是对其结构进行安全性和荷载强度检测，以确定其适用新用途的范围。如果原有结构性能不能满足新用途要求，还需要对加固原结构的可能性进行评估。建筑质量评估是对除结构性能之外的建筑部件性能的评估，如门窗新旧程度、屋顶防水、墙体饰面、构造节点等。建筑空间的功能适应性评估是指对现有建筑空间规模、形状对新功能的适应程度进行评估，其中，原结构类型对空间的功能适应性有决定性的影响。环境性能评估是从可持续发展理念出发，对老厂房的能耗、室内温度、湿度、风速、空气质量等进行系统检测，分析可能导致降低耗能表现的设计、结构或构造缺陷，以全面了解老建筑的生态特征，为改造设计提供参考（见图07）。

2.2.2 历史价值

08

产业建筑是中国近代工业文明发展历程的见证，它们参与了文明进步的过程，是该地区历史和文化的物质载体。从这个意义上讲，产业建筑具有一定的历史价值。历史价值的衡量要考虑建设年代和经历事件及相关人物的重要性等因素。如在近代工业发展史上占有重要地位的上海，现存有不少里程碑式的产业建筑，如标志航运贸易产业的江南造船厂和其密切关联的江南制造局，以及在中国首先建设的自来水、电、煤气等现代城市基础设施。目前上海有632处历史保护的挂牌建筑，其中工业厂房就有38处。另如无锡北仓门处有一座建于1938年的蚕丝仓库，现已被改造为“北仓门生活艺术中心”。该仓库原是抗战期间汪伪政府为控制江、浙、皖乃至长江三角洲所有的蚕丝商贸活动而建造的，该仓库已被专家确认为我国目前已知沿京杭大运河现存规模最大的民族丝绸业仓库，是无锡近代民族工商业尤其是丝绸业发展状况的重要历史见证，具有重要的历史价值和文物价值（见图08）。

09

10

2.2.3 艺术价值

产业建筑的兴建是以生产要求为第一需要，一般很少花费巨资在美化装饰上。虽然产业建筑简朴直率，但时代特点和艺术潮流变迁仍然会在其上留下痕迹。艺术价值的衡量一般要考虑作品的年代、风格、作者等要素。

前些年，在中国近代建筑的调查研究中，已经发现不少近代产业建筑具有较高的艺术价值。在上海，有不少近代产业建筑是优秀建筑师设计的，建筑风格从最早的殖民地式的风格，复古的风格，到现在的现代风格都有。如上海自来水厂（杨浦水厂）、中央造币厂等都采用了欧洲古典的风格。还有英国建筑师巴尔弗斯设计的上海屠宰厂，其沿街面造型有浪漫主义的韵致，外观粗犷的表面和精美的镂空花格窗对比鲜明，建筑内院粗壮的立柱、牛腿和混凝土实体栏板也使建筑有粗野主义的力度，该案例建筑艺术价值非常突出（见图 09）。

2.2.4 科学研究价值

产业建筑与兴建年代的建造技术发展水平及材料工艺水平直接相关，产业的工艺和设备也是工业发展水平的见证。有些产业建筑因为携带了这些信息会具有科学研究价值。如在结构技术方面，上海的发电厂，是当时中国最早的钢框架建筑，也是最高的钢结构建筑。当时,很多国际上很新的结构体系，如折板屋面、薄壳等结构，在中国开始出现，上海屠宰厂就使用了无梁楼盖结构体系（见图 10）。这些遗存如充分利用，不仅有利于技术史的研究，也可以向公众普及科学知识。

如沈阳铸造厂始建于 1939 年，是当时亚洲最大的铸造企业，工厂搬迁后，老厂区被改建成能够充分反映老工业基地文脉的铸造博物馆。为向公众宣传介绍铸造技术和生产工艺，铸造博物馆内存放了 1523 件沈阳铸造厂的设备和铸件原件，用最真实的方式展示七大铸造工艺流程，再现工业生产的火热场面。

2.2.5 情感价值

旧建筑向人们表述了城市发展的历史和延续性，使人们在心灵上得到慰藉，人们在这些旧建筑面前体验到城市发展的历史和人类自身的创造能力，而这种空间和时间上的文化认同构成了我们生存空间的框架。当我们见到与这些人和事相关的环境，就会有情感的回应。产业建筑情感价值的大小与人物、事件和意义对群体影响的广度和深度相关。这种影响的范围越大，相应的情感价值也越高。

11

如兴起于上世纪 30 年代的沈阳市铁西区工业，新中国计划经济时期非常耀眼，聚集了 30 多家国有大型企业，铁西区工业产值占到沈阳的六成还强，而到 90 年代，1/3 的工人“放长假”在家！跌入低谷中的铁西，到处是破败的工厂和情绪低落的下岗工人。沈阳市铁西新区在推进工业企业整体搬迁改造的过程中，对工人村等极具代表性的工业遗存进行抢救性保护，承载着丰富工业符号的铸造博物馆（见图 11）、工人村生活馆、铁西人物馆、东方美术馆、蒸汽机车博物馆极大地安慰了对铁西有深厚情感的职工。

12

3　产业建筑的改造策略

产业建筑改造的基本策略分为修缮保留、拆除重建和改造利用。策略选择的主要依据是价值评估报告。

3.1　修缮保留

如果产业建筑是文物遗产，或经过评估确定其具有重要的历史价值、艺术价值和科学研究价值，应该采取修缮保留策略。修缮保留又分为恢复原貌和保留现状两种情况。恢复原貌是指清理后期使用对原建筑的改变，使产业建筑恢复到原设计使用状态。上海啤酒厂和上海屠宰厂的改造属于此类。保留现状是指只对产业建筑进行简单修缮，保留产业建筑使用过程中不同时期的痕迹，尊重历史记忆和文化积淀（见图12）。

修缮保留的目的是保护文物和重要产业建筑。这并不排斥对其再利用，实际上合适的再利用更有利于这些产业建筑的保护。为了再利用，对这些产业建筑进行适应性改造是不可避免的，但有一条重要原则，即再利用改造不可以减损这些产业建筑的价值，并可进行可逆操作，一旦需要，可恢复原貌。产业建筑的保护，不仅要使旧建筑留存下来，更重要的是要复苏产业建筑的生命力，使之能够融入当代城市生活中。因此，在尽可能地保留、保护其工业生产类建筑的特征和它所携带的历史信息的前提下，一定要注入新的空间元素，开发新的功能。

无锡北仓门的丝绸仓库修缮是文物保护和再利用的优秀实例。投资者很尊重其历史价值和文物价值，确立了修旧如旧的原则，在恢复历史原貌的前提下，合理利用空间的策略。这种做法得到专家们的一致好评。

3.2 拆除重建

如果产业建筑没有特殊的价值，毁损严重或者与新的需要有很大冲突，根据新的需要拆除重建应是合适的策略。城市的新陈代谢是必然过程，新老交替是自然规律，大多数产业建筑的非实用价值并不大，随着老城区地价的增加，其土地和空间价值升值明显。在城市更新改造的过程中，为了城市空间的高效利用，拆除重建成为理性选择。

在此，我们要防止两种倾向，一是防止一味追求经济效益，忽视产业建筑的原有价值，简单采取大拆大建的更新方式；二是防止放大产业建筑的价值，在旧建筑保护的热潮中跟风，因而影响新的城市规划合理调整和城市空间的有效使用。上海在兴建"创意产业园"的热潮中，已经出现过分夸大产业建筑的人文、历史价值倾向。一些没有保留价值的老厂房被赋予了特殊的含义，以保护产业建筑为幌子，把政府的优惠政策和创意产业的旗号当做炒作的筹码。

12 修缮后的上海啤酒厂

13 中泰照明公司办公楼外景

3.3 改造利用

对于一般的产业建筑，在其建筑寿命之内，都会有一定的实用价值。充分利用现有资源来适应新的社会需要，是当前世界城市更新策略中的主流选择。大多数产业建筑的结构空间尺度较大，通过重新划分空间调整布局，可以实现多种民用建筑的功能。具体的改造方式有本体改造和加建扩建两种模式。

日本建筑师隈研吾设计的中泰照明公司办公楼属于本体改造项目，是利用上海手表五厂的一栋框架结构的三层厂房改造的（见图 13）。原厂房本身没有什么特点，建筑师只保留了原厂房的骨架，对内部空间重新分割和合并，形成有戏剧性对比的序列空间。而上海城市雕塑中心则属于内部加建模式，因为雕塑艺术中心需要各种不同规模的功能空间，所以在不破坏原有厂房的前提下在内部进行加建，以满足新功能的使用要求。

3.4 改造策略选择

中国的产业建筑发展可以分为三个时期：一是新中国成立前的近代工业时期；二是1949~1978年传统的社会主义工业化道路时期；三是1979年后的中国特色的社会主义工业化道路时期。现存近代工业时期的产业建筑设计和建造质量较好，多数具有历史价值和文化价值，适宜修缮保留；在传统的社会主义工业化道路时期，中国经济实力还不强，遍地开花的新工厂，投资少，建设标准低，大多数适宜拆除重建；1979年后的产业建筑质量参差不齐，由于使用时间不长，多数具有实用价值，可以通过改造进行再利用。

在现实生活中，产业建筑的改造策略选择除了考虑产业建造原有的价值外，还要受资金投入、预期收益、产权归属等多种因素影响。

如果项目资金较少，就难以采用拆除重建的改造策略。而预期收益不高，投资人或产权方一般也不愿多投入改造资金，尤其是文物建筑的修缮更难以筹集资金。如果有可观的预期收益，产权方一般愿意多投入资金改造，包括长期基础设施的投入，但租赁方使用权有年限，更愿意采取短期少投入高回报的改造策略。

不同规模的产业建筑在不同尺度层级上也可能采取不同的改造策略。有些规模较大的具有重要价值的建筑，在建筑尺度层级上，主要采取修缮整治恢复原貌，而在城市空间和室内空间层级上根据新的使用要求进行改造，实例如上海屠宰厂的改造。无论采用哪种改造策略，建筑师都应该抓住产业建筑的基本特征，深入研究其历史文化和技术特点等多方面的因素，最大限度地发掘旧建筑的潜力，赋予旧建筑新的生命与活力。

14 上海春明粗纺厂出租厂房成为艺术家的集聚空间
15 上海亚华印刷厂老厂区经过整体改造保装成的“上海数字娱乐中心”
16 闲置的旧厂房
17 M50 园区内的艺术品展示空间

4 功能置换和土地使用性质

由于涉及到各方利益，选择什么功能进行置换，是产业建筑再利用工作中的核心问题。我国产业建筑的功能置换从单个企业的自发行为到政府规划、市场调节在不同的经济发展阶段各有不同特点。

4.1 我国产业建筑功能置换的状况

从功能置换角度来看，我国产业建筑的利用可以分为三个阶段(由于旧建筑已不存在，整体出售拆除开发的情况在此不讨论)。

第一阶段是自发利用自营阶段。此阶段，解决工人生计是最主要目的。厂房利用原有厂房开设小餐馆、小商店等生活服务设施，改造投资少，等级低，经营规模小，品质不高。对旧建筑谈不上保护，但也没多少破坏。

第二阶段是自发利用出租阶段。经过一段时间的尝试，企业发现出租资产比自己经营省心。此阶段，出租获利是主要目的。因此，出租后的功能也更多样，有商业、餐饮、娱乐、办公、居住、仓库、小工厂、作坊、画室等。与第一阶段不同的是有两种情况对原厂房有很大影响。一种是负面的影响，如大规模的商业用途，如家具城、建材市场、餐饮场所的改造对旧建筑的价值有损伤；另一种是正面的影响，很多有一定文化素养的艺术家和设计师在适应性改造时，尊重旧厂房价值，并发挥了其社会效益(见图14)。

第三阶段是有组织利用阶段。有一些工厂和仓库区，随着艺术家和设计师的大量集聚，名声越来越大，旧厂房的出租价格也水涨船高。一些开发商看到了此中商机。闲置厂区的处置一直是企业和政府的难题，大家都在探索如何在不改变产权、少投入资金的情况下改善企业的困境。在此背景下，政府鼓励，开发商租赁投资改造的“创意产业园”模式成为潮流。这些“创意产业园”的功能基本都是商务办公加商业、餐饮、娱乐等短期回报率高的类型，与一般的地产开发没有本质的区别，只是在包装和租客选择上有所不同(见图 15)。

4.2 如何选择新的功能

从企业和开发商角度来看，新的功能选择主要考虑三方面因素：

4.2.1 产业建筑的功能适应性

第一要考虑产业建筑可以改作哪些功能。不同功能对空间和设施的硬件要求也不同。从地段来看，可达性好的地段适应大多数功能，临街对商业、娱乐、餐饮功能有利而不一定适合居住，有良好景观的用地大家都欢迎，但用作仓储却很可惜。在选择功能时，除了交通、景观、临界面外，周边功能设施、噪声、污染等都应该考虑；从旧建筑本体来看，不同结构类型和空间规模也是限制功能选择的因素，大跨型的厂房功能适应性强，特异型的贮气罐，贮粮罐、冷却塔等适合特别类型的空间和功能，常规型的单层或多层厂房对需要高大空间的功能改造较难，此外，旧建筑的承载力也是重要的限定因素（见图 16）。

4.2.2 社会需求

第二要考虑社会需要哪些功能。社会需求可分为刚性需求和软性需求。刚性需求一般都与日常工作生活需要直接相关，面广量大，容易启动市场。在 2000 年前后，由于高校扩招，高校后勤服务设施紧缺，南京一些闲置厂房结合学生需求，改造为学生公寓、食堂等服务设施，如紧靠东南大学的南京长虹无线电厂改造。另外，近年来上海浦西商务办公用房需求很旺，这也是催生创意产业园热潮的直接动力。

4.2.3 投资回报

对于开发商或产权企业只考虑前两项还不能确定置换功能的选择。预期投资回报的多少是确定功能选择的决定性因素。产权企业对短期回报和长期回报都关注，而开发商大多只对租赁期内的回报感兴趣。因此，餐饮、娱乐、写字楼功能比学生宿舍更得到开发商青睐。而对公益项目功能，如博物馆、公园等，由于没有直接的资金回报，开发商或产权企业一般不会选择。

4.3 土地使用性质和规划管理

在改造功能选择上，还有一个重要因素不能回避，就是原有的土地使用性质。国家规定土地使用性质不得随意改变，凭租赁合同不能改变土地使用性质，一般只有在土地或产权转让时才能改变土地使用性质，而这也必须在规划部分的总体控制之下。按照《招标拍卖挂牌出让国有土地使用权规范》和《协议出让国有土地使用权规范》的规定，六类土地都必须实施“招拍挂”。这样，开发商就需要大笔资金投入。为了促进闲置产业的再利用，在产业建筑的产权关系不变、房屋建筑结构和土地性质都不变的前提下，上海政府鼓励开发商改造老仓库和老厂房等建设创意产业园，这样开发商不需要参与竞争地价拍卖土地，投入较少资金进行改造，就可以将工业用地转变为商业用地租赁、经营。严格来说，不是工业的经营项目是违法的。

如果在土地使用性质上失去控制，城市土地利用规划的综合平衡就会失真。要正视现状，城市规划就应该在新一轮的产业结构调整中，对闲置的工业用地进行性质调整。尤其是从计划经济走向市场经济的过程中，城市规划如何适应新的经济体制是转型期的难题。目前的规划调整不可能跟上随时在变的市场，因此，在土地使用性质管理上要探索新的办法。

4.4 功能选择与政府引导

政府在规划产业业态时不宜采取行政手段，应该充分发挥市场和法律法规的调节作用。某种意义上，开发商通过非市场方式获得闲置产业的租赁、经营权，会扰乱市场。而确实有一些创意产业园名不符实，租客并非创意机构。针对创意产业园，开发商既然享受了优惠政策，就应该承担一些社会责任，真正支持创意产业。政府应对其一味逐利的行为进行监管。

而非创意产业性质的再利用改造，政府应从实际社会需求出发，引导多种功能的改造利用。实际上，充分竞争的市场会提供多种不同产品。旧厂房改造不必一味跟风，改造成经济性酒店、超市、体育健身用房、廉租房、单身公寓、学校都是可行的。比如在杭州汽车发动机厂主厂区的搬迁改造规划中，保留了厂区内原有的食堂、礼堂（电影院）等生活配套建筑，而将厂房改造成廉租房或小型公寓，提供给城市的中低收入者或外来务工人员使用。

市场不是万能的，开发商逐利无可厚非，代表公共利益的政府不能无所作为。随着土地升值，租价抬高，一些难以支付租金的艺术家和创业初期的小公司被迫搬离原先低价时租借的厂区。政府应尊重市场，采取措施，支持这类人群（见图 17）。这方面国外的经验可以借鉴。英国政府通过特许基金来支持创意工作者，虽然经过改造后泰特美术馆及创意社区建筑群的租金也不便宜，但无论是个人还是小公司都可以申请基金支付房租或其他方面的花费，这使该创意社区一直保持文化氛围和创意活力。

5 城市设计层面的改造

人的日常活动是贯穿室内外空间的一系列环境，城市环境品质的提升应关注从室外到室外的整个序列。因此，我们可以把产业建筑本体的改造分为城市设计、建筑设计和室内设计三个层级来讨论。城市设计层面改造的讨论主要针对整个老厂区和厂房建筑群改造的案例。

城市设计层面改造的对象是产业建筑的外部空间环境。由于功能的特殊性，工厂与普通人的日常生活空间没什么关联，厂区一般都相对封闭，是城市中相对独立的区块。产业建筑在功能调整为第三产业后，其与普通人日常生活有了关联。因此，城市设计层面改造的目标是让产业建筑以新的面貌重新融入城市生活。针对外部空间环境改造的主要工作包括两个层次，一是调整改造外部空间系统，使其与城市空间大系统连成整体；二是改善外部空间环境设施，提升品质，使其从服务与工业生产转变为支持人的活动。

根据外部空间环境变化的程度，可以把我国当前的产业建筑在城市设计层面的改造实践分为三类。

5.1 基本维持原状

形成维持产业建筑外部环境原貌有两种情况，一种是外部空间环境具有较高的历史、文化等价值需要保留；另一种是由零散出租的利用模式导致的。这两种情况下，产业建筑的改造主要发生在建筑设计和室内设计层面。

企业通过零散出租利用老厂房常常形成这种局面，出租的厂房多作为艺术家工作室、小型办公等功能，人流、货流都不大。一方面，原工厂的道路和基础设施可以维持基本的使用需要，出租方没有改善外部环境品质的动力；另一方面，分散的租客主要关注自身内部空间的使用，对外部空间要求不高，一般只是增加机构标志，他们分散行动，不大可能形成对外部环境的有整体规划的改善。

北京的798艺术工厂就是零散出租形成的。目前该区域聚居了大量的画廊、工作室、文化中心等艺术机构。厂区基本是原貌，老厂房、烟囱、标语和新增的各种现代艺术标志混杂在一起，构成了强烈的对比。杭州的LOFT49创意产业园也是类似情况，从2003年美国DI设计库第一家租客入住后，经过短短几年的发展，近万平方米的旧厂房里已经汇聚了19家企业，从业人员330余人，涉及工业设计、网站制作和开发、室内设计、摄影和绘画等多个创意领域。其外部环境与生产时期相比也没有多大改变（见图18）。

但随着艺术家聚集和创意产业的兴盛，政府、媒体、公众对其越来越关注，这些也催生了对外部环境整体规划改造的压力和动力。

5.2 保持外部空间格局，改善空间品质

企业整体出租闲置厂区、开发商保留老建筑、对室内外环境进行全面改造，属于第二类。在此类中，厂区外部空间的总量和形态没有大的变动，开发商通过增加环境设施对外部空间的结构略加调整，形成新的空间景观和序列感受，也提升了外部空间品质。

由上海汽车制动器厂老厂区改造成的“8号桥”，其城市设计层面的改造属于此类模式。

设计师在不改变原有空间整体形态的基础上，模糊室内外空间的界限，把室内外空间重新组织成新的公共空间系统。项目策划者非常清楚这些室内、半室内和外部公共空间是活力营造的关键，所以并没有一味追求建筑面积，而是通过适当增加这类空间的面积、空间品质和相互间的联系，在有限的空间内，创造出丰富多彩、放松舒适的交流场所。其二期项目增加的横跨建国中路24 m高的桥把一期、二期公共空间系统联系成整体，也通过其强烈的标志性，让“8号桥”成为上海城市空间中的亮点。

上海亚华印刷厂老厂区改造成“X2上海数字娱乐中心”后，与城市空间的整合自然妥帖。在处理外部空间的系统设计时，设计师给原工厂的外部空间重新赋以街道、过街楼、庭院的空间属性，使原以机器为主体的空间更适合城市生活（见图19）。

5.3 调整外部空间格局，改善空间品质

企业闲置厂房的价值、质量和再利用的适应性各有不同，有的年久失修破损严重，有的可能难以利用，按照新的功能要求，老厂房可能会保留一些拆除一些，这就给外部空间格局的调整创造了多种可能。

原陕西钢厂改造为大学，外部空间格局有了全新的架构。2002年西安建筑科技大学斥资2.3亿元成功竞购破产的原陕西钢厂的近千亩土地和所有厂房，将其中的四百余亩厂区改造成为目前的华清校区。其中，除学生宿舍和部分食堂外，包括教学楼、图书馆、行政楼等四万余平方米的建筑均由原厂房改建而成。在保留了许多工业建筑的象征性构筑物的同时，整个校区的外部环境按照教学和师生的工作生活要求进行了重新设计，改善了空间品质，最大限度地利用了资源，节约了建设成本，还吸纳了部分原陕西钢厂的下岗职工再就业（见图20）。

18 杭州的LOFT49创意产业园，原厂区基本维持原貌

19 “上海数字娱乐中心”——整修后的外部空间

20 陕西钢厂改造为西安建筑科技大学华清校区，外部空间格局有了全新的架构。

图片来源：http://www.xauat-hqc.com/xyjs.htm

6 建筑设计层面的改造

在产业建筑改造工作中，建筑设计层面的改造是非常重要的环节，空间重塑直接关系到置换后的新功能是否能正常发挥，形象重塑也直接影响到使用者的情感、心理和公众的评价。

6.1 空间重塑——细分

根据新功能的需要，对旧建筑空间的重塑主要分为合并和细分两种基本方式，再结合家具等设施的二次调节，设计师可以把旧建筑空间的单元空间尺度和空间组合系统改造得更合用。如果条件具备，也可以通过在原建筑形体外水平扩建或垂直加层的方式达到目的。

达利（中国）有限公司利用两栋单层大跨的旧厂房改造成办公和生活服务综合楼，主要采用细分手法改造空间。原厂房室内净高 10 m，设计师在厂房东西两端增加了夹层，一、二两层布置 U 型玻璃和铝条制成的“集装箱”串联穿插其中，作为办公室、洽谈室或会议室使用，大洽谈室内以几块斜置的木隔板区隔空间，划分出小的洽谈区域，针对企业流行发布的需要，利用通达二层的大楼梯与空中走道，将交通干线轻易转换为展示舞台。从大尺度的工业空间，到小尺度的办公空间和中等尺度的展示空间，设计师以大小套叠、穿插并置等方式重构出现代新颖流畅的复合空间系统（见图 21）。

上海城市雕塑艺术中心室内空间的调整也是采用的细分手法，但在 AB 两个不同需要的功能区，采取了不同的细分方式。A 区为主展厅，原有的大跨空间被完整地保留下来，设计师通过局部下沉展区、增加大台阶、加建夹层平台和长坡道丰富了单一的厂房空间，增加了不同规模雕塑展示和庆典聚会等活动的适应性。B 区内为安排画廊、艺术家工作室等小空间设施，在原有大空间内加建了 2~3 层的钢架混凝土构筑，形成屋中楼的效果。

6.2 空间重塑——合并

为了获得大尺度的空间，对于多层多跨的产业建筑改造合并原有小空间单元不可避免。

中泰照明公司办公楼的入口中庭是通过合并方式重塑空间的优秀案例。原建筑为三层框架，设计师把其中两个开间的三层楼空间垂直打通，形成入口中庭，并以自然光、水体、植物等为素材，做成中庭的六个界面：瀑布墙、镜面墙、玻璃墙、常春藤绿篱墙、玻璃顶和水池，使建筑与环境自然地融合在一起。

位于上海徐汇区的三枪纺织厂厂区中心有一栋体量巨大的主楼，长 120 m，宽 80 m，高 40 m，是一栋大型的多层多跨产业建筑。在改造成时尚创意设计中心（尚街）时，在 6 m X 8 m 的平面柱网中，通过合并结构单元空间，形成了两个平面尺寸 12 m X 16 m 的高达 8 层的大空间，大空间经过划分后下部成为 3 层高的室内中庭，上部形成 5 层高的庭院，以中庭和庭院组织的新空间系统满足了公共活动的需要（见图 22）。

6.3 形象重塑——局部改造

除了文物建筑要求恢复原貌外，产业建筑的形象重塑主要有局部改造、更换表皮和“包裹”三种方式。在实际项目中，针对不同情况，改造也会综合运用这三种方式。

上海城市雕塑艺术中心的改造属于第一种方式。老厂房本身质量较好，外墙只需要简单修缮即可，设计师主要在局部结合实际使用需要加以点缀。设计师首先从色彩入手，选择与老厂房红砖墙同系列的红色标志、锈钢板、木格栅等材料，形成外部环境的主色调；其次，设计师通过加建新入口和增加装饰标志等手段，使老厂房有了新形象，如红人沙龙简洁朴素入口是灰黑色的钢格架内嵌木条，而 CICI 俱乐部入口则以白色的钢构架、玻璃盒子、方格图案、巨大的黄色 CICI 字母和金色的大门把手进行组合，大尺度、新材料和新结构的引入使老厂房和新入口各自特征得到了强化（见图 23）；

再次，在室外环境的细部处理时，精心布置雕塑展品、山墙正面和转角处的银灰色“上海城市雕塑艺术中心”标识，空调室外机的处理也很别致，设计师以锈钢板盒子罩住室外机，盒子两侧又如支摘窗似的撑起，盒子正面大红的 LOGO 很提神。通过这些处理，不仅解决了技术问题，老厂房也在新旧对比中获得新形象。

6.4 形象重塑——更换表皮

“8 号桥”建筑立面改造的策略是旧材料重组加新构图要素。设计师以青砖墙面和玻璃体为素材进行立面重组，以加强虚实对比，使初入主入口广场的人有既熟悉又新颖的感觉。青砖错落凸凹，图案在阳光下更鲜明，使素雅的青砖墙生动起来。二期墙面用红砖进行了类似手法的重奏，使缺少阳光的二层露天广场变得温暖舒适。而主入口广场一侧的 7 号楼的表皮是全新的，白色穿孔网板的立体构成、两层通高的玻璃盒子、桃红的背景墙、动感的楼梯，营造出现代感极强的梦幻氛围。设计师通过新旧材料、肌理、图案的综合运用，使老厂房既有新时代气息又有旧建筑韵味（图 24）。

6.5 形象重塑——“包裹”

达利（中国）有限公司的两栋旧厂房外观改造主要采用了“包裹”手法（见图 25）。

为改变厂房建筑刻板沉重的印象，设计师首先以浅灰色涂料重新粉刷了老厂房外墙，再在厂房外包裹了一层“丝质”的表皮。“丝质”的表皮是铝条编织的，通过透光度计算，铝条被打乱重组，形成的网状外衣可调节光线，镂空的表皮消解了老厂房沉重的体量感。办公楼和综合楼的包裹略有不同。办公楼的新表皮与老厂房外墙间的距离都是等距的，而紧靠园区入口的综合楼在东端和办公楼的近身包裹处理不同。综合楼的新表皮向东侧延伸，围合出一个半室外的庭院空间，并通过树木的引入进一步模糊室内外的空间划分，使室外空间有了更丰富的层次。

21 达利公司厂房改造成的办公展示空间
图片来源：内建筑设计事务所
22 尚街——空间的整合
图片来源：Kokaistudios
23 上海城市雕塑艺术中心加建的新入口
24 8 号桥二期的建筑表皮处理
25 包裹后的厂房
图片来源：内建筑设计事务所

7 室内设计层面的改造

在建筑层面的改造确定后，室内设计改造工作主要是运用家具、灯具、隔断、植物等多种元素对室内空间进行细分，具体组织确定各种活动的次级空间范围，同时，通过对材料、色彩、图案、光线等的综合运用，营造切合空间主题的氛围。

7.1 室内空间细分

在室内空间细分方面，Vinyl Group 自己设计改造的办公空间是个典例。设计师没有改动老仓库的硬件设施，从实际需要出发，通过色彩设计和竖向设计，把老仓库大空间细致划分为不同使用性质的区域。在竖向设计上，设计师提高"地面"，形成主要的交通区和休息娱乐区，三个主要的工作区域——设计部、市场部和管理部的底标高仍在原楼板层面，相对于新的"地面"，工作空间成为三个"坑"。由于模糊了地面和桌面，空间的性质也变得模糊起来，空间的潜力得到极大的发挥。为了强化"坑"的意象，设计师把"坑"的底面漆成深灰色，其余界面全部漆成白色，空间的主角人也被突显出来(见图 26)。

7.2 空间氛围营造

在主题空间氛围营造方面，中泰照明公司、宽庭会馆、达利国际这三个改造项目都有出色表现。

中泰照明公司办公楼通过对光线的多层次多手法的演绎变奏，塑造了与企业主业照明相关的空间氛围。除了入口中庭令人惊叹外，其顶层引入自然光的设计也很有特色。由于顶层设置了活动百叶屋顶，空间可以有南向光照和天台顶光两种不同的表情，水池的反射、倒影，玻璃的投射、折射、反射，光波在四处流转，一切变得轻盈透亮。

而位于 M50 的宽庭会馆，设计师刻意以幽暗的光线强调历史的深度。从旧地板制成的大台阶拾级而上，走到二层主要的展示区，在黑色钢架和深色帷幕的划分下，一个个超级真实的卧室和客厅次第呈现。这些华丽精致的空间如剧场舞台，设计师以压抑的光线和简朴的背景以及无彩色系反衬这些精致家居用品以营造低调奢华的氛围(见图 27)。

达利国际以现代材料和手法，营造出浓郁的丝绸文化氛围。大量图案在隔断、界面的出现，不断以建筑手法重奏精美丝绸的旋律。特别是在综合楼高管接待用餐区的设计中，走廊墙面和天花都是经电脑刻花处理的白色高密度板，经自然光线照射，留下了古典格栅窗般华丽的剪影效果，餐厅的黑色檀木格栅线条简洁，又有沉着朴素的韵味。设计师用纯熟的手法以空间为介质传达出精美华丽的丝绸韵味和江南雅致朴素的气息。

7.3 历史与现实的互动

产业建筑携带有反映产业特色和人文活动的历史信息，如果设计师善于利用，把旧建筑的元素和特征组合到新的使用空间中，不仅增加新空间的历史文化氛围，也会形成独特的空间体验。

在杭州 LOFT49 的室内设计改造中，泵阀、管道、料斗等老厂房遗留的旧机器设备被作为旧工业文明的历史记忆郑重地保留下来，并精心组织到新的工作和生活空间中。新旧设施的并置，打破了常规办公空间的单独，戏剧化的时间压缩处理强化了感受(见图 28)。

老上海啤酒厂酿造车间的改造突出了历史主题。设计师从无形的“啤酒酿造历史”中得到启发，以啤酒泡意象为室内设计的形式母题，控制整个设计。整个设计新加部分在色彩、材质、风格上与原厂房室内截然不同。白色钢梁、帐幔、透明炕桌和沙发炕席与斑驳的楼板、石块围砌的发酵槽和锈迹斑斑的送料大漏斗形成强烈对比。

26 “坑”的构思
图片来源：Vinyl Group
27 宽庭会馆室内——低调奢华的氛围
28 内建筑设计事务所的办公空间——保留了空间的历史痕迹
图片来源：内建筑设计事务所

26

27

28

29

30

8 产业建筑的生态改造

8.1 产业建筑生态改造的目的

在产业建筑改造中，提高旧建筑的生态表现是工作重点之一，也是我国目前产业建筑改造中比较薄弱的环节。上海等大城市已经注意到产业建筑改造中忽视节能和环境保护的问题，上海市政府正在推进节能创意产业园的建设，上海通用的一个发动机配件厂改造将起到示范作用。我国新出台的绿色建筑评估标准中，对“尚可使用的旧建筑”进行充分利用，也成绿色评估体系的一条重要标准。

提高节能水平和舒适度是产业建筑生态改造的主要目的。首先，旧厂房在作为工业生产用途时对空间舒适度要求不高，置换为办公、商业、餐饮、居住等以人的活动为主题的空间时，肯定要改善物理环境和室内外小气候，以适应新的使用要求；其次，我国的产业建筑大多保温隔热等性能较差、技术设备落后，在建筑照明、通风、供暖等日常使用中消耗浪费了大量的能源，在改造过程中，通过各种手段和技术措施来达到降低能耗，减少有害物质的排放也是改造工作的重点。

8.2 生态改造的基本理论依据

产业建筑进行生态改造工作的基本理论依据是可持续发展理论和全寿命周期评价理论。

8.2.1 可持续发展理论

可持续发展理论关注的是各种经济活动的生态合理性。在1991年，赫尔曼·戴利提出可持续性是指：使用可再生资源的速度不超过其再生速度；使用不可再生资源的速度不超过可再生替代物的开发速度；污染物的排放速度不超过环境的自净容量。这是一种学者式的理想追求目标的表达，因为有不少污染物几乎不能在环境自净中消解。联合国世界环境和发展委员会1987年提出可持续发展的概念更容易被公众所理解：“既满足当代人的需求，又不损害后代人满足其需求能力的发展”。

8.2.2 全寿命周期评价理论

广义的全寿命周期对建筑而言，包括建筑原材料的获取、建筑材料的制造、运输和安装，建筑系统的建造、运行、维护以及最后的拆除等全过程。全寿命周期评价则是对这一周期内各种建筑材料构件生产、规划和设计，建造和运输，运行与维护，拆除与处理全循环过程中物质能量流动所产生对环境影响的经济效益、社会效益和环境效益的综合评价。但在我国产业建筑改造工作中，目前很多数据难以获得，因此在狭义的全寿命周期范围内，即建造和运营周期内对节能建筑进行经济评价更现实可行。

我国的产业建筑改造实践中，对建筑运行期间的能源耗费和资金付出不够重视。从全寿命周期评价理论角度看，在改造设计时，应该把运营和维护的花费一并考虑。即使因为采用了节能措施加大了初期投资，但考虑到长期运营和维护费用的减低，整体衡量得失还是合算的(见图29)。

8.3 生态改造的主要内容和措施

以生态改造为核心的产业建筑改造工作首先要评估旧建筑的生态表现和改造潜力；其次，确定新功能的环境舒适度标准和节能目标，再次采取各种手段，按照技术设计的要求进行生态改造；最后，通过建成后的使用评价来检验各项指标，以制定下一步的调整改造措施。

目前，与产业建筑改造相关的主要环保节能措施有以下几点：

方案优化——在改造设计时，根据新功能的要求，空间组织尽量紧凑灵活，以适应多种活动和减少建筑体量。在物理环境的控制研究中，尤其要注意长江流域

29 URBN 酒店外景

30 丹麦哥本哈根的绿色社区改造－日光追踪和反射装置 图片来源：哥本哈根 SBS Byfornyelse 公司

是夏热冬冷地区，采取综合措施，全面提高老厂房的隔热保温性能非常重要。多种备选方案可以用应用模拟软件测试，根据不同的节能效果和环境表现，进行方案优化比较。

材料选择——建造和使用过程中，选择可再生循环利用的材料，传统的竹、木、石、玻璃等都是较好的选择。改造利用各种回收的旧材料尤其值得推崇，这方面上海 URBN 酒店的改造做出了榜样。

能源选择——选择太阳能、风能、潮汐能等可再生能源，尽量采用被动式能源策略。目前利用浅层地热的地源热泵空调系统开始在国内推广，利用太阳能提供热水的技术也很成熟，而在产业建筑改造中的利用还不够。

产品选择——选择节能和环境友好型产品。优秀的节能产品如提高屋顶、墙面、门窗的热阻，消除冷桥，提高门窗气密性等，选择智能遮阳产品、日光追踪装置、节水型卫生洁具等产品，都可以大幅度提高围护系统热工性能。

技术选择——选择节能和环境友好型技术，结合改造功能要求，采用简单适用技术。在我国产业建筑生态改造中，不必追求高技术手段，传统适用技术更可行。如利用风压和热压结合将实现自然通风，设置反光和折射板，尽可能利用天然光照明（见图 30）。

还有其他一些常见的节能环保措施如分类回收垃圾，处理利用；收集雨水、生活污水处理后循环利用，铺设可渗透地面迎接雨水，改善微气候，节约水资源；倡导节能环保的生活方式等，都可以在产业建筑改造中利用。

9 结语

中国的城市建设正逐渐从量的跃进转向关注环境品质的质的追求。产业建筑的改造也应该更关注整体的品质。与国外的产业建筑改造实例普遍质量较好相比，中国目前的改造项目呈两极分化现象，一端是对产业建筑的价值认识不够，设计改造质量粗劣，只关注短期的经济回报；另一端是过度关注，过度设计，追求舞台布景式的设计效果，无论哪一端，都缺少对城市设计层面和节能环保问题的关注。可喜的是在这两端之间，还有一些品质较好的项目。

本书选取 14 个中国产业建筑改造与再利用实践的优秀案例进行了分析研究。案例选择尽量兼顾产业建筑的不同规模和不同类别。其中包括“8 号桥”等 4 个厂区建筑群改造案例，“北仓门生活艺术中心” 等 4 个多层厂房仓库改造案例，“上海城市雕塑艺术中心”等 5 个单层厂房仓库改造案例，以及 Vinyl Group 办公空间这样一个纯室内改造案例。这些案例并不完美，但每个案例在某一方面或几方面有独到之处，值得借鉴。

提高我国产业建筑改造与再利用实践水平，需要各方人士共同努力。如果平衡好眼前利益和长远利益，从激情回归理性，从舞台回归生活，通过功能多样化、管理动态化、经营市场化、决策民主化等方式，我国肯定可以涌现出更多产业建筑改造的优秀实例。

参考文献

王建国．后工业时代产业建筑遗产保护更新．北京：中国建筑工业出版社，2007.

王乾坤，刘琨．节能建筑全寿命周期技术经济评价方法．武汉理工大学学报，2008.06.

何勇，李立等.创意产业园乱象.中国经营报，2008.3.8.

伍江.上海产业建筑的保护和再利用．http://chinaasc.org/html/61/n-361.html

陈冀峻.从 LOFT 到城市旧建筑改造利用.建筑与文化，2006.7.

张琴．从点到点——上海民间自发的旧建筑改造与利用.时代建筑，2006.2.

王林．城市记忆与复兴——上海城市雕塑艺术中心的实践.时代建筑，2006.2.

“加法”设计

沪青平公路 1000 号办公楼

设计 饶青

撰文 陈宇

项目名称：沪青平公路 1000 号办公楼
项目地点：上海沪青平公路 1000 号
参与设计：成培华
业　　主：上海秀领瀚禾景观绿化工程有限公司
基地面积：1600 m²
建筑面积：1100 m²
设计时间：2004.12~2005.01
施工时间：2005.01~2005.06
结构性质：框架结构
总 造 价：120 万元（RMB）

项目概况

在上海虹桥机场附近沪青平公路一侧，有一栋两层的L形小办公楼。在一大片20世纪80年代建造的六层居民楼中间，它有点特别，不很显眼，却在清晰而无趣的环境中有着丰富迷幻的表情。这里原本是一个破败的仓库和一个规模很小的二层旧办公楼，现在被改造为一个绿化园林公司的办公楼。

价值评估

原仓库和二层的旧办公楼为砖混结构，建筑体量不大，红色机平瓦两坡屋顶，外立面为普通粉刷涂料饰面。无论是内部空间的规模和形态，还是外部整体造型和细部处理，都无特别之处。在其原有空间环境历史中，周边居民除了视而不见，没有与之有任何交流互动。其主要价值就是建筑寿命。

改造策略

项目改造资金有限，设计师对原有建筑要素以保留为主。设计师从环境视觉分析出发，对旧建筑屋顶和结构构件不做大的改动，以"加法"为策略，在旧建筑外立面裹上新的表皮，在室内增加盒子空间，使新建筑给人以"两者之间"的空间环境新体验。

设计特色——外部形态

"两者之间"的新体验的获得离不开材料的精心选择。玻璃冷硬，是实体的手感，而视觉上却有着虚幻空透的飘渺。设计师选用U型玻璃、磨砂玻璃、贴膜玻璃、玻璃砖、阳光板等材料混合使用，在虚实之间创造出多重层次效果。白天，这个裹上新表皮的建筑如清新处子，腼腆安静；当夜幕降临，建筑如水晶宫殿，气氛立刻生动起来。从街道看去，如罩在舞台纱幕后的人物忽隐忽现，旧建筑的片断也依稀可辨，亦真亦幻，过去和当下两个时空在模糊中相融延续。

新建筑的外观，玻璃盒子造型要素很突出。罩着楼梯的两层高的盒子表皮是玻璃砖，独立钢柱支撑的会客空间盒子表皮是磨砂玻璃，而主入口的盒子是贴膜玻璃。不同表皮的玻璃盒子内有戏剧化的人物活动场景，人们可从外侧"观看"，而主入口旁的休憩座椅区又暗示了从内观看的场景，在此盒子的"内"和"外"被模糊。主入口玻璃廊道的实体视觉的含混，也模糊了入口对室内外空间的界定，彷佛每一处既是室内也是室外。

设计特色——内部空间

在室内空间尺度上，设计师也偏爱"两者之间"更多层次的尺度。设计师保留原有仓库大空间的开敞，又在其中嵌入高不及天花的小尺度有开口的盒子间，盒子之间又形成了大小之间多种尺度的办公空间，丰富的尺度层次处理，不仅给人以新体验，也是对真实生活差别需求的回应。

如何以物质手段体现空间属性是创造个性化空间的一个出发点。设计师在色彩、图案和植物配置等方面都做了尝试。改建后室内色彩主调为白色，白墙白顶灰地——无彩色系的配置方式柔化了空间边界，使空间均质化，而局部浓烈的绿色墙体、百叶窗的点缀又使空间分异。两极手法的混用，使室内景观如多层次的装饰画，介于二维和三维之间的视觉效果使空间别有韵致。

01

01 L 形体量围合的前院

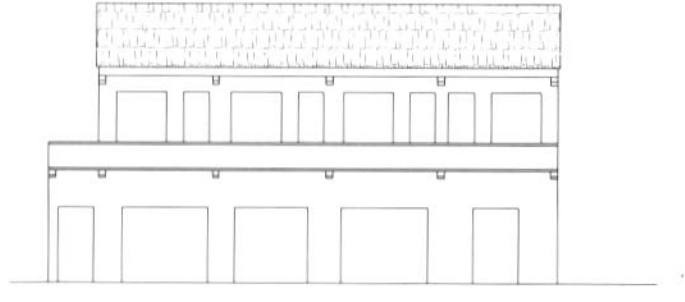

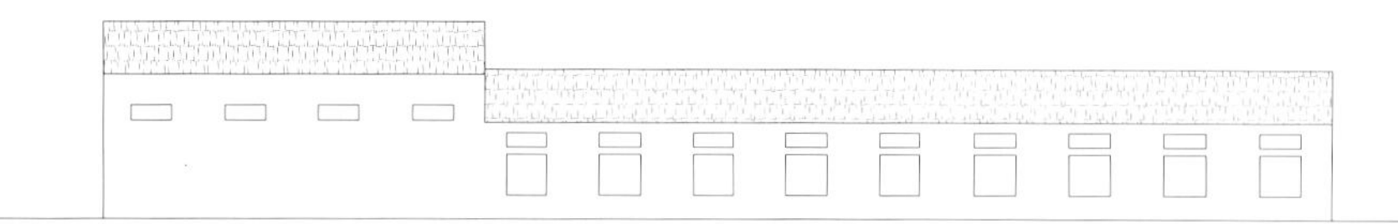

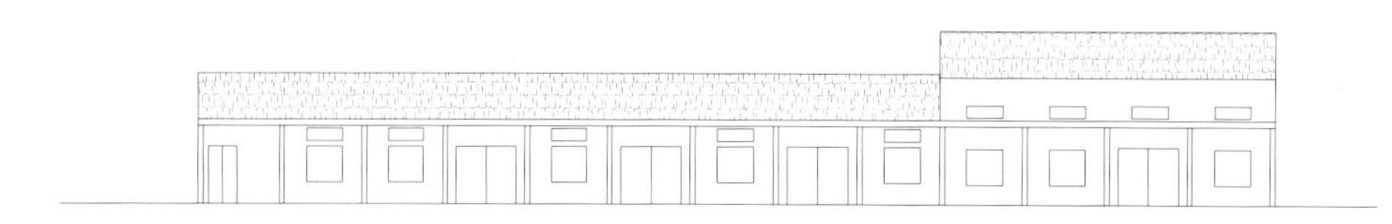

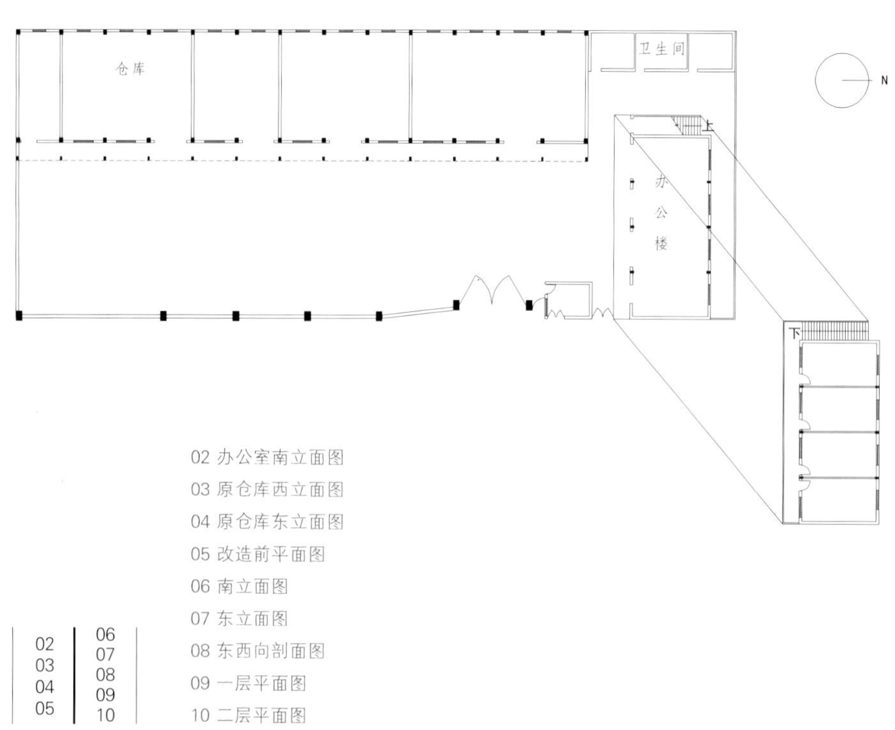

02 办公室南立面图
03 原仓库西立面图
04 原仓库东立面图
05 改造前平面图
06 南立面图
07 东立面图
08 东西向剖面图
09 一层平面图
10 二层平面图

02	06
03	07
04	08
05	09
	10

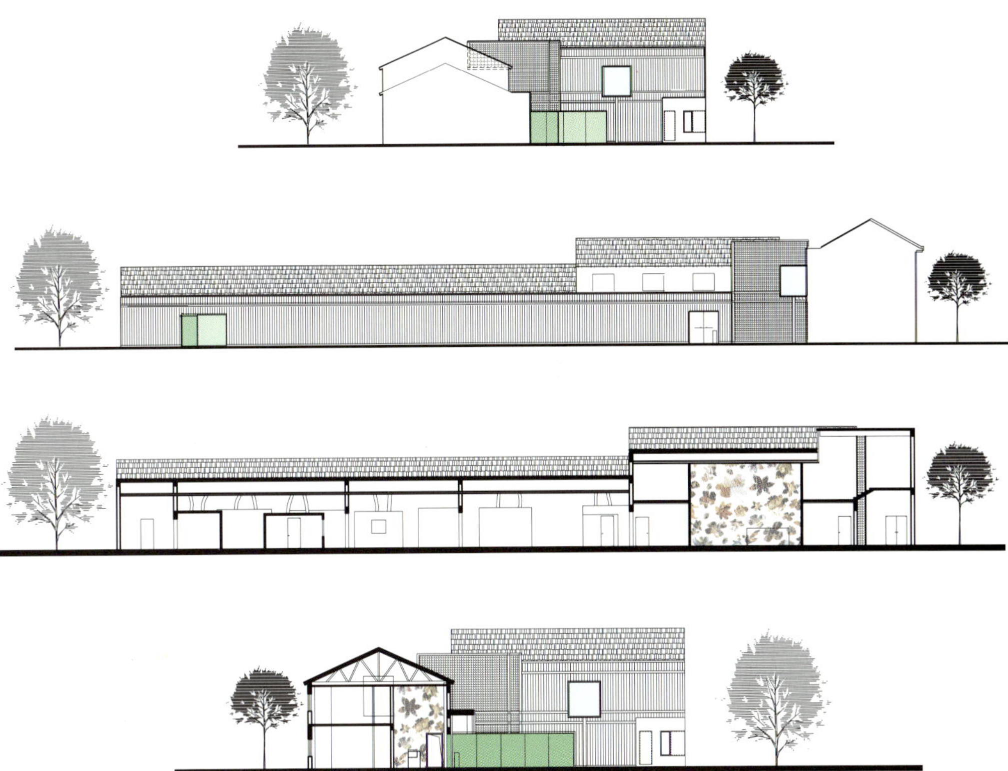

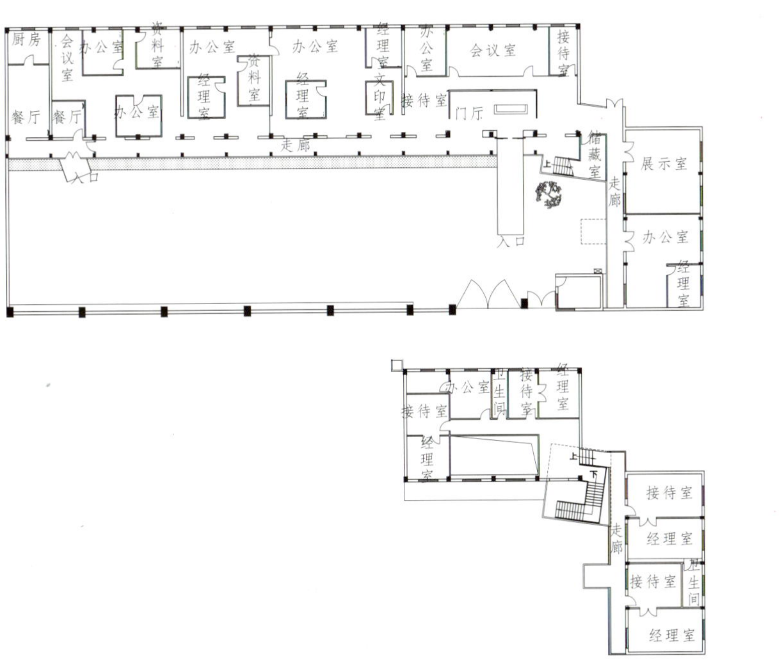

厨房
会议室
办公室
资料室
办公室
经理室
资料室
办公室
经理室
经理室
文印室
办公室
会议室
接待室
接待室
餐厅
餐厅
办公室
门厅
走廊
入口
上
储藏室
走廊
展示室
入口
办公室
经理室
办公室
卫生间
接待室
经理室
接待室
经理室
上
下
接待室
走廊
经理室
接待室
卫生间
经理室

作为一个绿化园林公司的办公场所，室内植物的配置一定要特别。在此，设计师巧妙地通过图像和实物并置的方法，使植物配置生动起来。逼真的白桦树林图像前的真实盆栽倒令人难辨真假。在主入口豁然高耸的空间中，各种植物纹样也暗示了绿化公司的空间属性。白色背景的墙面、顶棚贴满了反差强烈的叶状图案，三维几何空间被消解，图案主题凸显，也带来了超现实的空间体验。这也是设计师在向库哈斯的纽约 Prada 店致敬。

使用情况

这个旧建筑项目，没有使用高档材料，设计手法简练，形式语汇也不复杂，却取得很好的效果。无论是内部体验，还是城市街景，使用者和公众大多是正面评价，很不容易。在可持续发展观念越来越深入人心的今天，珍惜资源应成为共识。告别大拆大建的时代，小型的旧建筑改造项目将会越来越多，这项改造是一个值得借鉴学习的范例。

11 左入口玻璃前廊
12 门厅内景
13 左入口门厅高大的空间布满了叶状图案，形成超现实的空间体验

14	16
15	17 18

14 玻璃砖墙不仅柔化了光线，细密的分格使空间尺度更亲切宜人
15 盒子的概念是整个空间设计的主题
16 经过精心处理楼梯成为联系两翼和上下层的核心枢纽空间
17、18 L 形转折处——交通枢纽空间

19 20	21	19、20 办公室内景——微形街区 21 超级逼真的植物贴图幻化活跃了空间

啤酒酿造历史

老上海啤酒厂改造

设计 Molis Design Ltd
撰文 陈宇

项目名称:老上海啤酒厂改造
项目地点:上海市普陀区宜昌路 130 号
建成时间: 建筑部分 2005.03
室内部分 2006.05(Pier One Mimosa Supper Club)
建筑面积:改造前 1.83 万 m^2,改造后 9228 m^2
(其中 Pier One Mimosa Supper Club 570 m^2)
项目建筑师:黄一如 杨立新 毛伟 王鹏
方案设计初步设计:同济大学建筑设计研究院
景观设计:上海园林设计院
施工图设计:上海市房屋建筑设计有限公司

01 改造后的南立面

项目概况

位于上海市普陀区宜昌路 130 号的老上海啤酒厂建成于 1934 年，厂区位于苏州河西段，占地 8.6 公顷，年产啤酒 3 万吨，是当时的远东最大的啤酒工厂。啤酒厂转移出去后，厂区一直闲置。2002 年，在建设苏州河边最大的生态绿地公园——梦清园时，原厂区 1.83 万 m^2 的建筑一半被拆毁，后在上海市规划局干预下，酿造车间余部、灌装车间和办公楼得以保留。2003 年 3 月，上海规划局组织专家和相关部门研究后，决定对酿造车间和灌装车间进行保护性修缮和再利用。改建后的灌装车间成为苏州河展示中心——梦清馆，2005 年 6 月 5 日，以苏州河的过去、现在和未来为主题的展示中心正式对外开放。酿造车间余部建筑经过整修恢复原貌，室内改建为集酒店、餐饮、娱乐为一体的俱乐部。办公楼暂时维持原状。本案例主要介绍酿造车间的改造。

价值评估

老上海啤酒厂是匈牙利建筑师邬达克 1933 年设计的，华东工业建筑设计院在 1958 年根据当时生产需要对厂房局部进行过改建设计。

邬达克在上海近代建筑史上影响巨大，在上世纪 30 年代主持设计了包括大光明戏院在内的几十项规模、功能、形态各异的建筑。他设计的老上海啤酒厂建筑为早期现代主义风格，细部简练，比例优美，有装饰艺术派的韵味。在第三批上海市优秀近代保护建造名单中，可以找到该厂区内的办公楼、灌装车间和酿造车间。

酿造车间的外部形态和体量组合具有现代建筑的特征，建筑体块周边遍布的深色装饰线脚体现了装饰艺术派的特点。酿造车间室内空间高大也有层次变化，无梁结构体系严谨清晰。

从以上分析可以看到，老上海啤酒厂是上海近代工业发展状况的重要历史见证，其厂区建筑是反映“啤酒酿造历史”和重要建筑师历史贡献的重要载体。从建筑本体来看，除了作为研究这位重要建筑师的设计思想和手法特点的具体案例，也有重要的审美价值和空间再利用的潜力。

改造策略

在城市快速发展的进程中，很多文物建筑和重要建筑往往不敌来自现实的种种压力，难以保全。虽然老上海啤酒厂早被列入优秀近代保护建造名单中，但在上海老城区建设的大潮中，仍然被摧残得面目全非。老上海啤酒厂蕴含多方面的价值，保护其原有形态肯定应该是最主要的策略。

面对现实，如何保护还要细致研究。在城市设计层面，原老厂区外部空间结构基本不复存在，保护已无立足之基，只有顺应梦清园的规划设计，让厂区仅存的老建筑融入到公园整体空间环境中才是明智之举；在建筑本体层面，老厂房虽遭损坏，但毕竟还有实体存在，所以该项目建筑设计师以恢复旧貌，彰显其历史、文化、科学研究等价值作为本体保护策略；在室内设计层面，设计师贯彻“利用是最好的保护”策略，以“啤酒酿造历史”为主题，在不改变原有室内主要空间结构和构件的前提下大胆构想，创造新旧结合、有历史感的新室内环境，使旧建筑发挥新功能作用，恢复活力。

尽管对如何保护危旧的文物建筑有重材质和重风格、工艺等不同争议，本项目仍遵循《威尼斯宪章》，在恢复建筑历史原貌时，采取“整旧如旧”原则，使修缮工作的新增建筑元素尽可能明显地与历史元素区别开来。

02

03
04
05

02 总平面图
03 二层平面图
04 三层平面图
05 四层平面图

设计特色一：重现历史

酿造车间只剩下三层的部分，原立面已难辨识。经过现场清理，先对旧厂房进行完整测绘，并在检测评估后对主体结构进行加固。建筑师首先研究了形成于 1925 年的装饰艺术派的手法特征，并根据部分残留的原建筑设计图纸和历史照片，画出了酿造车间的修缮图纸。经过修缮，劫后余生的酿造车间又恢复了原来的面貌，多层次的几何线形装饰图案、门窗和檐口等处的腰线、线脚，使老建筑散发出历史魅力。尤其是东侧的竖向塔楼，并排竖向线条装饰，使建筑有一种冲天之势，这是装饰艺术派建筑的典型手法。

在建筑色彩和一些细部上，修缮也尽可能尊重历史原貌。酿造车间原钢门窗在拆除时已被变卖，现在新的窗子都是根据原设计图纸仿制的。外立面原有色彩难以确认，通过对上世纪 30 年代建筑装饰色彩研究后，采用了白色和灰色。

现在从东侧看酿造车间，可以看见有一部分立面全部是玻璃幕墙。这是因为酿造车间当时有一部分被拆毁，如被砍去一刀，露出了断面。为贯彻区别新加部分不与原有建筑元素混淆的原则，采用了玻璃幕墙这种全新的建筑元素覆盖在断面上。

06 07	08 09 10

06 入口门厅

07 新旧对比形成和谐整体

08 二层用餐区

09、10 啤酒酿造历史是整个空间的主角

设计特色二：历史与现实互动

对于老上海啤酒厂来说，"啤酒酿造历史"是重要的无形资产和特色资源。设计师以"啤酒酿造历史"为主题来改造酿造车间，不仅非常贴切，而且把无声的历史与动感的现代生活紧紧地联系在一起。

经过改造的酿造车间室内的餐饮区和客房区各有特色。餐饮区充分利用了原厂房的空间特点，在高大的中庭空间和周边不同标高的夹层布置各有特色的餐位。设计师从无形的"啤酒酿造历史"中得到启发，以啤酒泡意象为室内设计的形式母题，控制整个设计。从入口弧形的接待台到餐厅圆形的沙发座区，从空中悬挂的各色圆环组灯到泡沫网状的吊顶片断，从气泡水雕到卫生间墙上大小各异的"气泡"组镜，几乎在餐厅每一处，都能感受到啤酒泡意象的暗示。

整个设计新加部分结构与原有结构分开，室内天棚不做吊顶，所有设备管线露明，室内其它新加部分在色彩、材质、风格上也与原厂房室内截然不同。白色钢梁、白色帐曼、柔软舒适的沙发、摩登的透明炕桌、沙发炕席与斑驳的楼板、粗糙的混凝土梁柱、裸露的钢筋、深棕色的砖砌烟囱、石块围砌的发酵槽和锈迹斑斑的送料大漏斗对比强烈。当你坐在全新舒适的餐厅里仔细品味新酿啤酒时候，也许会听见这些老厂房的片断诉说历史的声音。

客房区做了夹层，每间客房都有全新不同的设计，整体以白色和圆形协调统一。其中一间客房床后背景墙如柔软曲面延伸到顶棚、床对面弧形墙、桌子，一直到地面，不大的空间变得有趣生动。另外，弧形的镜面、珠帘隔断、白色圆床、连续的和近在床前的大浴缸设计也让人印象深刻。

11	
12 13	14

11 王后套房
12 流畅透明的空间，曲线造型的客房
13 会客室
14 卫生间

使用情况

酿造车间、灌装车间经过修缮改造焕然一新，成为梦清园中的亮点。苏州河水被引入到酿造车间前形成景观湖，并成为展示水处理的科普场所。看着水中酿造车间优美的倒影，你可以穿过曲桥小径，来到重生的酿造车间前。多数第一次来的访客都会被餐厅内优雅舒适的氛围和蕴含沧桑历史的老厂房片断所吸引。苏州河展示中心和这间餐厅已成为重要的生态教育和重温历史的场所，深受市民和旅游者喜爱。酿造车间、灌装车间也已被列入国家级第三批近代建筑保护单位的名录。

15
16 17

15 国王套房
16 别致的吊顶设计是国王套房的一大亮点
17 会客空间

18	19 20

18 连续的墙与顶细分了空间，增加层次和新体验
19、20 与造型相呼应的照明设计

21	
22	23

21、22 曲尽通幽的情人套房
23 洗浴与就寝空间合一，催生新行为体验

24 25 | 26

24 R 系列圆形房

25 流畅的弧线使小空间活跃起来

26 大片玻璃窗引进景观和阳光，营造出舒适、通透的氛围

27	28
	29
	30

27 玻璃栏板、微形贯穿空间使双层套房空间富有层次和视觉互动的可能

28 二层的休息区

29 临苏州河的双层套房

30 会客空间

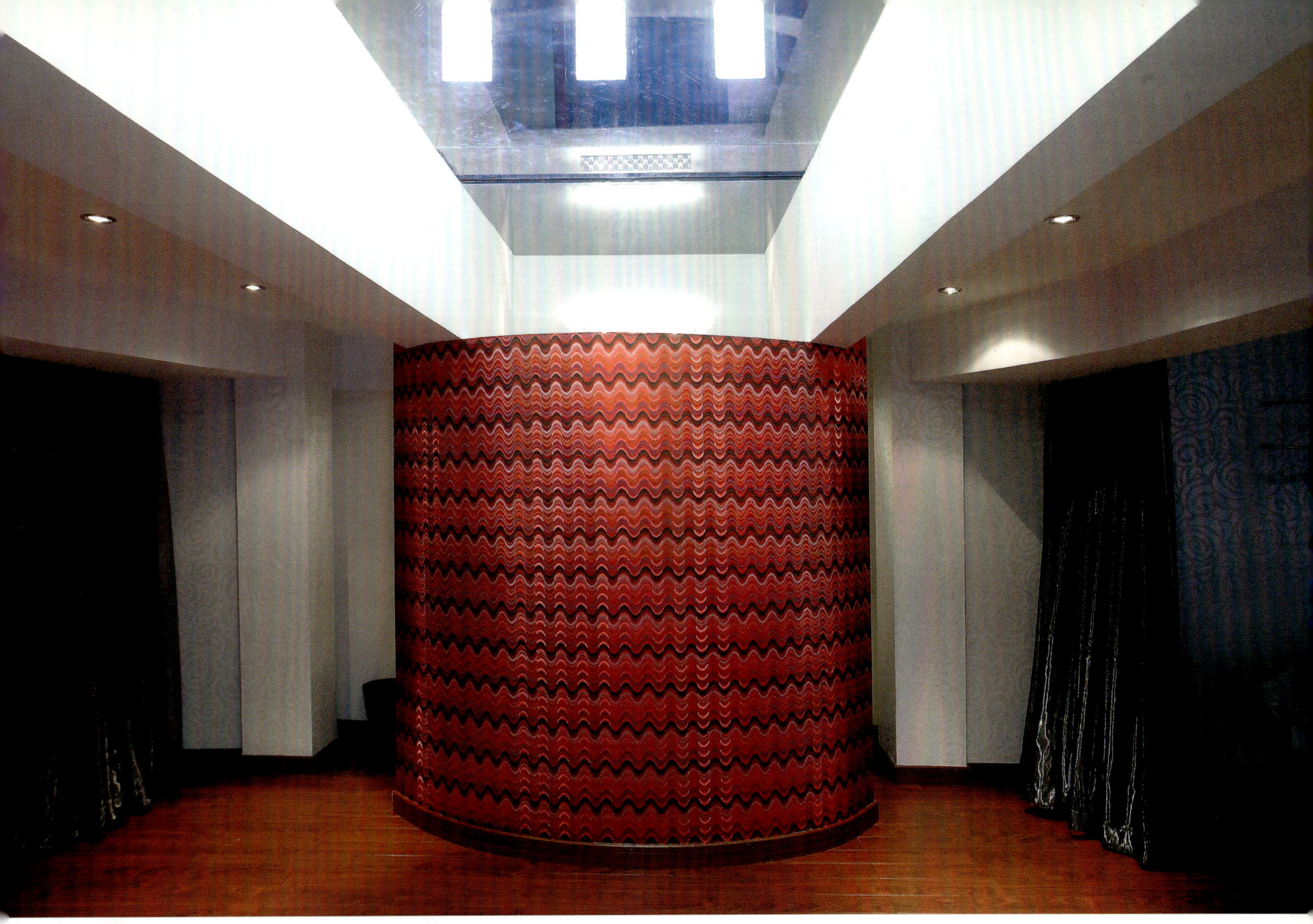

31 | 32 33

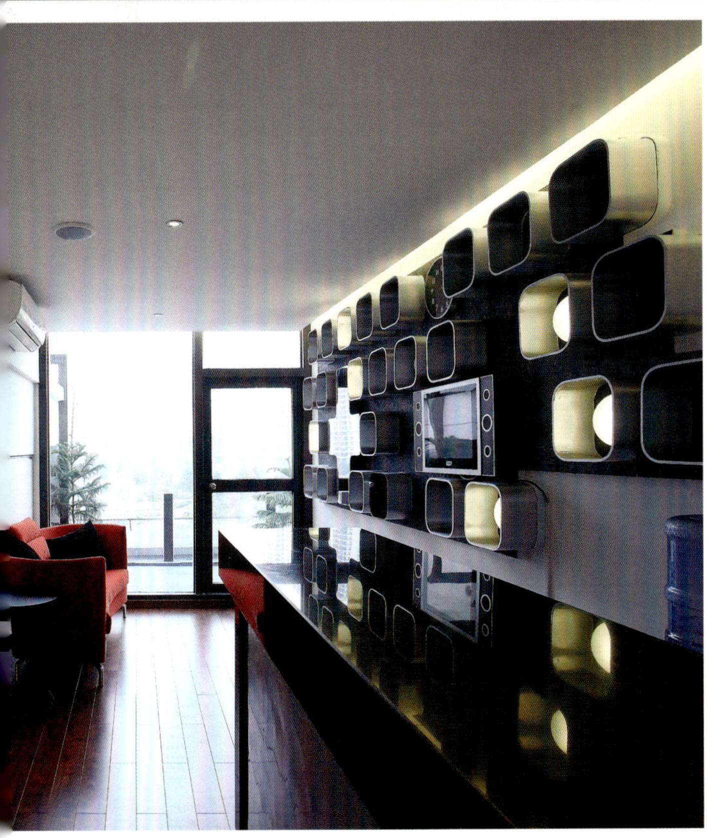

31 天光走廊
32 美容院室内
33 富有立体感的框架

蜕变

无锡北仓门生活艺术中心

设计　郑皓明

撰文　陈宇

项目名称：北仓门生活艺术中心

项目地点：无锡北仓门 37 号

竣工时间：1938 年

改造竣工时间：2005.09

建筑面积：约 6000 m^2

01

01 北仓门生活艺术中心南侧院落

项目概况

在无锡火车站东侧、运河南岸有一座上个世纪30年代兴建的蚕丝仓库,仓库年久失修逐渐破败。若不是有识之士出力,在城市更新的大潮中,这座仓库肯定逃不出拆毁的命运。2003年,从海外归来的郑皓明、郑皓华兄妹途经运河,慧眼识珠,发现了这座仓库及其潜在的价值。后在政府鼓励下,郑氏兄妹投入巨资,按照国际上对历史文化建筑保护和再利用的理念和做法,将闲置的蚕丝仓库改造成了"北仓门生活艺术中心"。

2005年9月启用的北仓门生活艺术中心室内面积约6000 m^2,具有艺术品展览、交流、创作、服务四大功能区域,组织和策划各类具有创意性、专业性、时尚性的艺术活动,还可承办国内外的艺术展览和大型会务。建筑共三层,一楼以服务为主,包括时尚家居、装饰精品展售结合的大型艺术空间和西餐咖啡、酒吧、私家厨房、艺术书店、瑜珈会所等服务设施;二楼为创作空间,提供创意设计师工作室600 m^2;三楼是以展示绘画、平面设计和公共艺术作品为主的大展厅。

价值评估

这座建于1938年的蚕丝仓库具有重要的历史价值和文物价值。该仓库是抗战期间汪伪政府为控制江、浙、皖乃至长江三角洲所有的蚕丝商贸活动而建造的,建成后不久即被日军占为粮仓,后来又恢复为蚕丝仓库。仓库包括两栋独立的三层楼,其中长50 m(面阔13间)、进深20 m的一座仓库,已被专家确认为我国目前已知沿京杭大运河现存规模最大的民族丝绸业仓库。该仓库是无锡近代民族工商业尤其是丝绸业发展状况的重要历史见证。

该仓库是无锡地区重要的民国建筑,其建造材料和工艺都有一定的科学研究价值。仓库外围护墙为青砖砌成,砖上的"吕恒昌"、"芮福记"等名号清晰可见。仓库每层层高近5 m,构成室内大空间的梁、柱、楼板均为木结构。为了保护蚕丝,仓库采用多层的小窗来避光和避风。考虑到搬运工负重登高困难,仓库的两座楼梯都很平缓,每级台阶只有约10 cm高。

除了历史价值和文物价值外,该仓库所在的区位和自身的空间都是希缺资源。仓库靠近火车站和城市干道路,交通既方便又不受交通噪声干扰。仓库位于运河边,除了有开阔的视野和优美的景观,还有很高的视觉敏感度,容易被找到。仓库空间高大开阔,功能适应性强,组织各种活动灵活方便。

改造策略

有着多年海外生活背景的郑氏兄妹非常珍惜该丝绸仓库的历史价值和文物价值，也熟悉国际上对旧建筑改造再利用工作应该关注的重点。在与各方面专家讨论后，他们的改造策略可归纳为以下两点：

1.修旧如旧，恢复历史原貌。

2.在保持原有风貌前提下，合理利用空间，整治周边环境，延续旧建筑生命。

在修缮仓库的过程中，他们按照文物建筑的修缮保护要求，特地从国外引进了木材修复技术，对仓库的木质结构进行了修复，并利用国外先进的修复技术，对砖和木材的表面都进行了必要的技术处理来延续生命周期。同时，为了适应现代生活的要求，重新配置了基础设施，包括电力、通讯、照明、空调、卫生间等，并在视觉上精心考虑其美学效果。这种做法受到专家们的一致好评。

设计特色一：柔性的室内空间

经过修缮的老仓库空间重现出原始质朴的美。地板有些高低不平，墙面斑驳，门窗仍包着黑色的铁皮，二楼地板上方便货物吊装的方洞也保留着。在阴暗的光线下，整个空间气氛神秘，也给人无限的想象空间和引起探询历史的兴趣。

新的室内设计平和谦逊，与丝绸仓库的性格非常吻合。设计师运用大量织物来划分空间营造氛围，再配合绳网、石、木等自然材料，使室内空间层次丰富，空间氛围有如丝绸般冷静而柔和。在一楼穿行，如进入满眼珍宝的古代宫殿。暗淡的空间中用蚕茧做成的灯散发出温暖和生命的色彩。一楼卫生间满眼是通体透明的落地玻璃和竹林，走进卫生间如从洞穴中突入丛林，非常轻松透气。

设计特色二：新颖的外部空间

老仓库两栋楼一横一竖，呈L形布局，主要的室外空间包括L形内侧的内院、L形北侧沿河区域和两栋楼连接处的室外楼梯空间。设计师运用精练的手法，给老仓库营造了高品质的外部空间。

设计师在内院除了布置青砖花池外，设计重点放在紧靠两栋楼的水池。长方形浅浅的水池底铺有卵石，瘦高的植物钵阵列如池岸的大树，水中三两枝碗莲、几块黄石和紧贴水面的木板小桥，设计师寥寥几笔就使庭院有了江南水乡的意境。设计师在仓库北侧运河沿岸设置了木质平台和临水绿化，为人们提供了惬意的滨水休憩空间。两栋楼连接处的处理是整个设计的最精彩之处。设计师以把原来的外部空间包裹成玻璃盒子，外楼梯成为内楼梯，玻璃盒子成为整个建筑的核心枢纽空间，该空间不仅是建筑室内各种功能空间的联系体，也是内院与滨水空间的联系中介。在该空间室内设计中，设计师也以细腻的处理手法，营造出与仓库内气氛对比鲜明的明亮轻盈的氛围。平缓的混凝土楼梯换上了玻璃栏板，栏板上装饰有时代特征的宣传画让人感慨时光的交错，靠近中间玻璃栏杆的梯段铺上了木板，使宽大笨拙的水泥踏步变得亲切。设计师在玻璃盒子界面上使用了大量的汽车遮阳装置，这种装置如半透明的黑纱扇，以吸盘固定在玻璃上，随机布置的黑纱扇形成自由美丽的图案。设计师这样处理既解决了遮阳，也柔化了玻璃盒子空间，也许还会让人联想到丝绸和飞舞的蝴蝶，很有诗意。

使用情况

北仓门生活艺术中心建成开幕后，已成功举办过多次活动。如开幕展览“魅力无锡·日本现代艺术展”、“整理·妄想”油画雕塑展、张广天的先锋话剧《圣人孔子》展演、“开门见喜——2006年国际当代艺术巡回展”等。经过两年多的运营，北仓门生活艺术中心声名远播，已成为无锡重要的文化活动场所和先锋艺术的展示场所。

2006年4月17日开幕的“工业遗产”保护会议是北仓门生活艺术中心启用后的里程碑事件。在“4·18国际古迹遗址日”前，来自国家文物局、中国古迹遗址保护协会的专家学者以及城市代表会聚在无锡北仓门丝茧仓库旧址，会议通过了关于加强保护工业建筑遗产的《无锡建议》。与会代表对无锡旧产业建造的保护和再利用工作给予很高评价，认为北仓门生活艺术中心改造模式值得借鉴和大力推广，认同项目也是民营资本投资文化产业获得良好社会效益和经济效益的优秀实例。

02 | 03 | 02 富有历史感的大门
03 修缮后的门窗重现历史形象

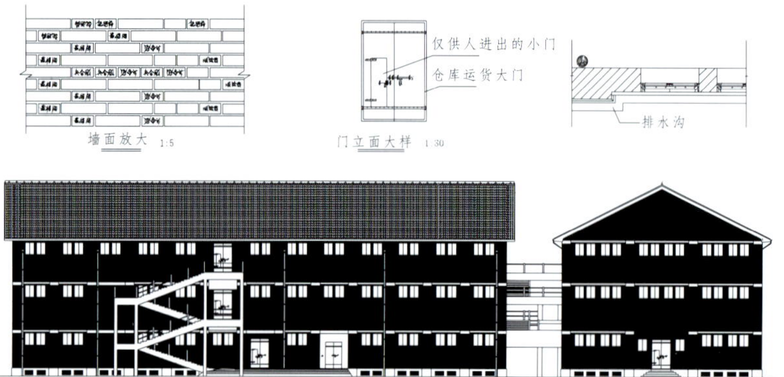
仅供人进出的小门
仓库运货大门
排水沟
墙面放大 1:5
门立面大样 1:30

04	06
05	07

04 宽敞的楼梯增加玻璃栏板和木踏步
05 仓库立面图
06、07 钢和玻璃把原本开敞的楼梯间包裹成明亮的中庭，在木踏步的中和下，钢玻璃和青砖混凝土新旧对比形成和谐整体

08 | 09 10 11

08 新的中庭强化了建筑与城市的联系
09 带有铭文的砖述说着建筑的历史
10 新与旧的对比
11 可开启的玻璃顶，引入新鲜空气

12 13 | 15
14

12、13 一楼餐厅
14 蚕茧被进行了现代转化在空间中重生
15 蚕茧灯的历史隐喻——生命轮回，旧建筑重生

16 吧台
17 一楼的生活艺术馆
18、19 展览空间

时尚梦工厂

8 号桥一、二期改造

设计　HMA 建筑设计事务所
撰文　陈宇

项目名称:8 号桥创意产业园
项目地点:上海市卢湾区建国中路 8 号
建成时间:一期 2004.11,二期 2006.09
业　　主:香港时尚生活策划咨询(上海)有限公司
改造投资:一期 4000 万元人民币
占地面积:一期 7000 m^2,二期 2400 m^2
建筑面积:一期 12000 m^2,二期 8000 m^2

01 02

01 青砖与玻璃窗以现代构成手法重组，形成新的表皮

02 8 号桥新貌

项目概况

8号桥位于上海卢湾区建国中路8号，靠近重庆南路口，原是建造于20世纪70年代的上海汽车制动器厂的闲置厂房。该地段区位好，紧邻淮海路商圈，但原厂区环境较差，厂房破旧。区政府从改善环境和存量资产利用角度出发，鼓励改建。2004年3月，香港时尚生活策划咨询(上海)有限公司租下这片占地7000 m^2的废旧厂房20年使用权后，投入4000万元人民币，经过半年的紧张建设，把这片旧厂区改造成创意产业园。项目成功后，2006年9月又完成了建国中路对面的二期工程，二期占地面积约2400 m^2，建筑面积达8000多 m^2，设立了作为现代服务业孵化基地的创意培训中心。

价值评估

上海汽车制动器厂的厂房形态普通，主要是单层坡顶，砖混结构，室内空间开阔，屋架为三角形钢桁架。从实用角度来看，除了内外空间和主体结构外，其余部分并没有多少实用价值；从人文历史角度来看，上海汽车制动器厂是上海工业发展历史的一部分，也是城市历史记忆的一部分，厂区的物质形态是标示这段历史的重要载体。

改造策略

通过价值评估，可以看到，全面保护闲置厂房没有多大意义。设计师以激活该地区为目标，采用部分保护、部分更新、部分加建的策略，在保证新功能使用的同时，兼顾保存历史记忆，使城市历史减少断层，延续发展。

具体操作时，根据不同情况，设计师在不同层面采取的策略侧重点不同。在城市层面，重点是保护。由于老厂区的空间格局和形态轮廓已形成历史记忆，沉淀在包括制动器厂工人在内的众多市民的脑海中，尊重历史，保护老厂区主要的外部空间格局和建筑群体的轮廓，成为工作重点。在建筑层面，重点是更新。设计师保留建筑主体结构骨架，而以青砖、玻璃、钢架等材料为素材，以新的方式重新组织维护结构，达到了新旧既对比又相融的新感觉。在室内设计层面，重点是创新。根据新功能的需要，设计师重新组织室内空间，大胆使用鲜亮的色彩和新材料，创造出新颖的活力空间。在技术设备层面，对旧厂房的渗水、抗热以及防火安全系统进行改造，加固结构，并按照新功能要求配置空调、电力、安全监控、智能办公等系统。

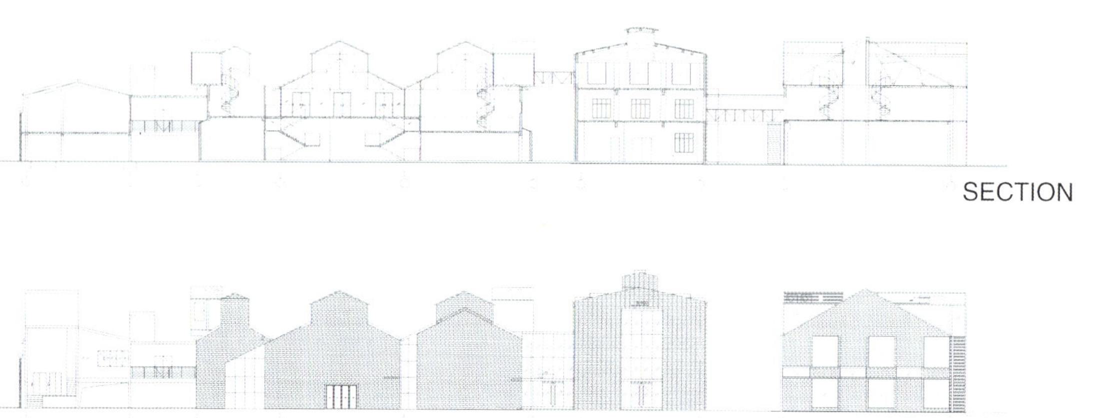

SECTION

ELEVETION

03 剖面图

04 立面图

05 外部空间设计促进非正式交流活动

设计特色一：公共空间的再造

一期项目由7幢建筑组成，其中80%为出租的办公空间，20%为餐饮、咖啡吧等配套服务设施。从使用人群来看，来该地区的人群主要包括工作人员、洽谈来访人员和一般观光者，无论哪一类人群，公共空间都是他们体验的重要组成部分；从创意产业的特点看，不同背景人群的非正式交流是促进创意产生、推进、完善的重要外部条件。因此，营造具有活力、促进交流的各种公共空间成为该项目的目标和特点。

设计师在不改变原有空间整体形态的基础上，模糊室内外空间的界限，把室内外空间重新组织成新的公共空间系统。在地面层，该系统以主入口广场和环形车道(兼顾货运和消防)为主骨架串连起1号楼多功能大厅、5号楼展示大厅和休闲后街、餐饮、茶吧等不同规模、不同氛围的非正式交流空间，这些空间都对公众开放，是城市公共空间的有机组成部分；在二层以上，设计师通过各种不同样式的桥，把7幢建筑连成整体。商务中心、企业会所、员工餐厅、休闲后街、阳光屋顶、小花园等这些共享空间更多成为入住企业员工互动交流的舒适场所。

项目策划者非常清楚这些室内、半室内和外部公共空间是活力营造的关键，所以并没有一味追求建筑面积，而是通过适当增加这类空间的面积、空间品质和相互间的联系，在有限的空间内，创造出丰富多彩、放松舒适的交流场所。如一号大厅的改造，设计师在空旷的车间大空间内，引入弧形的错落层叠的平台，在面朝主入口广场一侧，增加通高的大玻璃窗，通过这样的改造，单一的大空间成为有许多不同等级近人尺度的小空间的复合空间体，并且与室外空间保持了视线联系，尤其在夜晚，室内的各种活动如炫目的舞台剧展现给城市。在室外环境小品、家具和铺地的配置上，设计师也选用木材、石材、砖等自然材料配合亲切氛围的塑造。室外空间中，有着绿色“门”字造型的天桥和主入口处著名设计师Fabrice Hybert专为中法文化交流年设计的《绿门》雕塑是两处突出的亮点。

二期项目是一幢U字形5层建筑的改造，新设计的公共空间结构不复杂，但同样很有特色。主入口宽敞的半室外大台阶把人流引到二层，二层利用原建筑U字形的空间设置了露天广场(方案曾设想过做成玻璃顶的中庭，未实现)，该露天广场成为这幢建筑的核心交流空间。二期项目顶层横跨建国中路24 m高的桥是公共空间系统的关键节点，通过这座桥，一期二期的公共空间系统在竖向上形成环路，加强了的整体性，同时这座桥也成为该创意产业园醒目的标志。

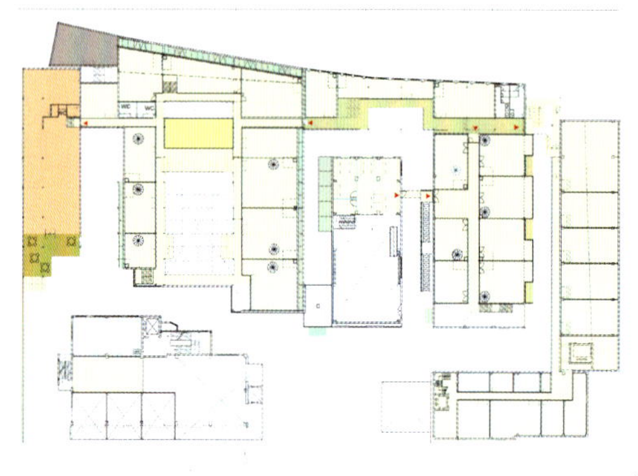

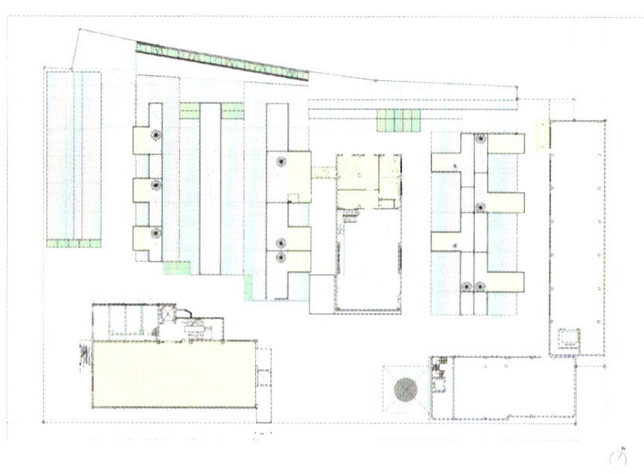

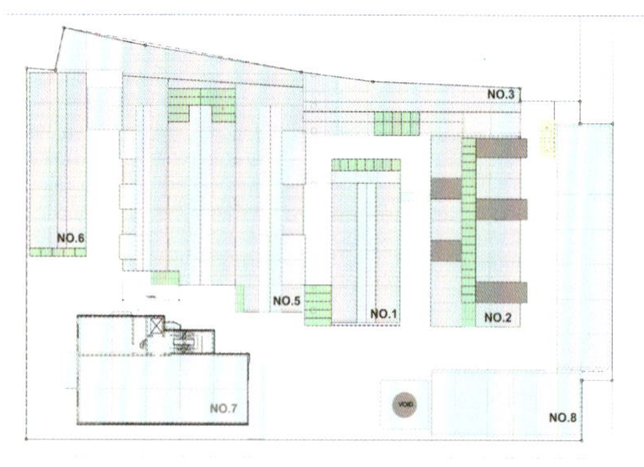

06 07 08 09 | 10

06 一期一层平面图

07 一期二层平面图

08 一期三层平面图

09 一期顶层平面图

10 木格栅增加了空间层次

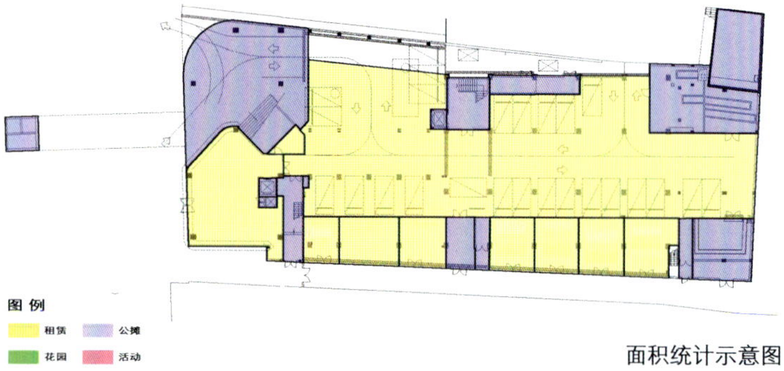
图 例
租赁
公摊
花园
活动
面积统计示意图 _1F

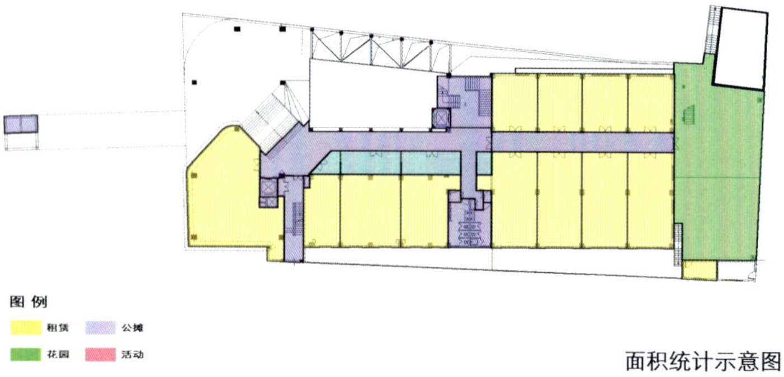
图 例
租赁
公摊
花园
活动
面积统计示意图 _2F

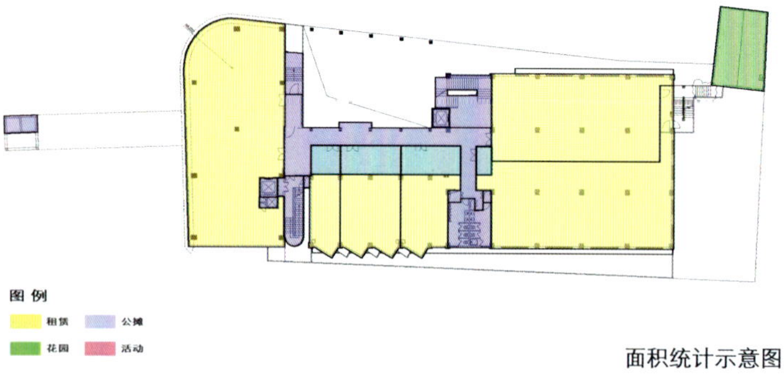
图 例
租赁
公摊
花园
活动
面积统计示意图 _3F

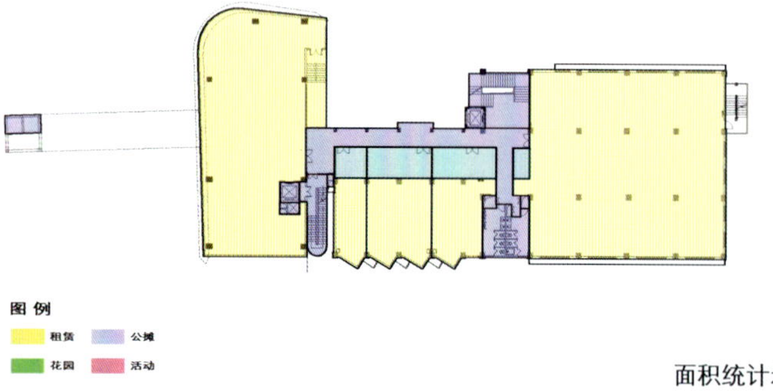
图 例
租赁
公摊
花园
活动
面积统计示意图 _4F

11 12 13 14	15

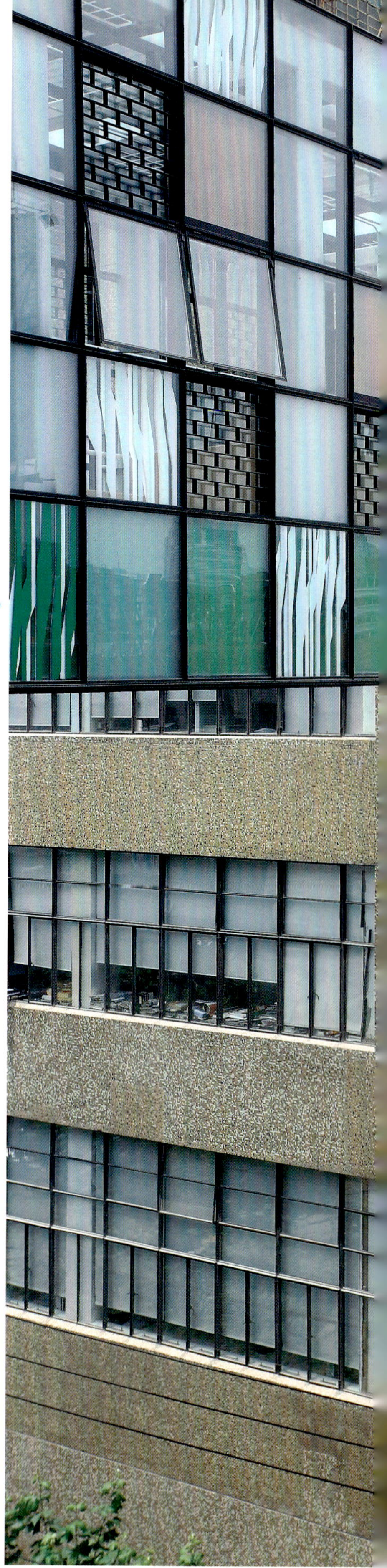

11 二期一层平面图
12 二期二层平面图
13 二期三层平面图
14 二期四层平面图
15 “桥”和“塔”

设计特色二：历史形象的重构

由于采取了保留整体空间格局和建筑形态的策略，建筑立面改造和室内设计成为旧厂区新形象塑造的关键。本项目建筑立面改造的策略是旧材料重组加新构图要素，室内设计的策略是保留反映老厂房历史特征的部件，与全新设计的功能空间并置。设计师通过运用这两个策略，使老厂房既有新时代气息又有旧建筑韵味，达到了历史与现实融合并存。

一期展现给主入口广场的立面是体现新旧对比并置改造策略的典型样本。带有历史印记的青砖作为主要墙面材料置换了原来白色粉刷的厂房山墙，山墙上开有大片的玻璃面，山墙间加入新的玻璃盒子。设计师以青砖墙面和玻璃体为素材进行立面重组，以加强虚实对比、轻重量感对比的现代构图为手段，使初入广场的人有既熟悉又新颖的感觉。而主入口广场两侧建筑的立面则采取了全新的构图，尤其是7号楼上部是白色穿孔网板的立体构成，下部是两层通高的玻璃盒子，盒子内桃红的背景墙前是通达二层的楼梯，这样的色彩、质感和材料并置在灯光下恍如梦境。而青砖墙面又让人回到历史与现实的交汇处，仔细察看，可以看到青砖砌法错落凸凹，立面肌理光影的效果被强化，原本平淡安静的青砖墙生动起来。二期墙面沿用了类似手法，但增加了红砖素材，使缺少阳光的二层露天广场变得温暖舒适。

室内设计的重点是公共区域。在室内设计中，老厂房厚重的砖墙、林立的管道、斑驳的地面、裸露的黑色钢屋架等，被保留了下来，使得整个空间充满了工业文明时代的沧桑韵味，在新加入的要素对比下，各自的时间特征被强化。室内新要素包括划分空间领域的珠帘、绳网、大片落地玻璃窗，调节光线活跃气氛的帐幔、色彩点缀的红色沙发和吧椅、弧形的木吊顶和岛屿般的圆桌、强调空间层次包裹体块的木栅条、狭窄的铁梯等，这些新要素不仅材料质感新颖，其动感的韵律、非对称均衡的构图及划分后形成的复合流动空间，都使旧厂房给人以全新的体验。

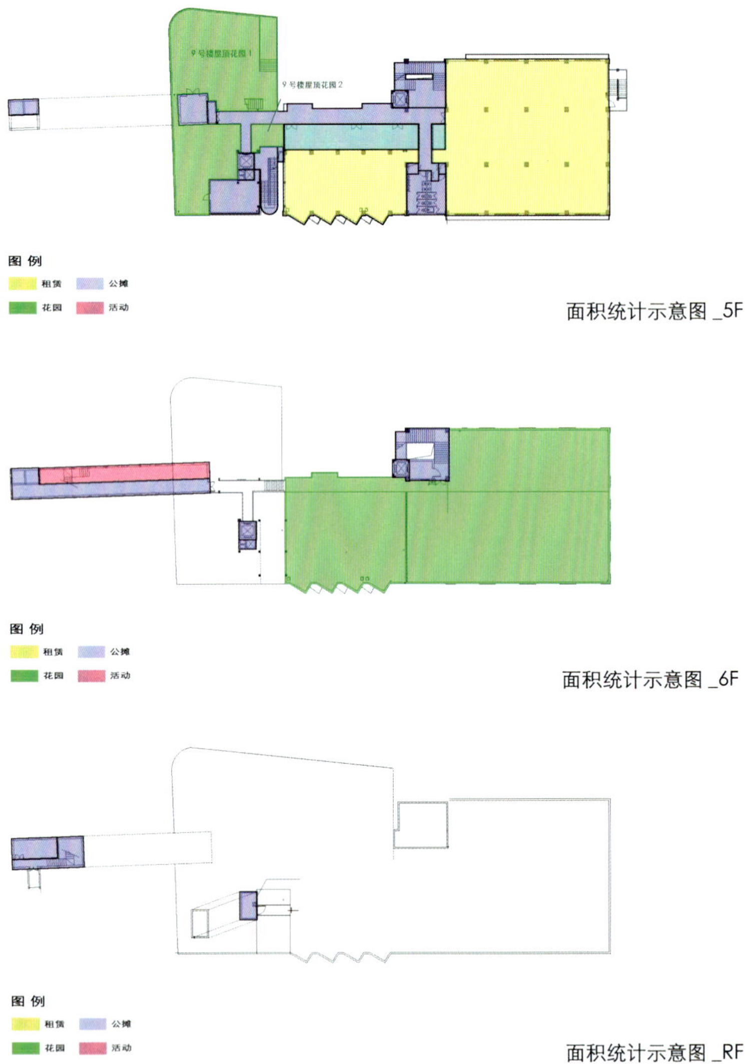

面积统计示意图 _5F

面积统计示意图 _6F

面积统计示意图 _RF

使用情况：

项目建成后，香港时尚生活策划咨询（上海）有限公司严格筛选入住企业，保证创意产业园区的特色。项目主要面向建筑、家居、艺术、广告、软件、电影、出版、时装设计等国内外创意时尚类企业。目前入住一期园区的有 SOM、B+H、HMA、ALSOP 等国际著名的设计师事务所、法国 F-emotion 公关公司、吴思远电影后期制作室，二期入驻的企业有 RED5、WINKING 动漫公司和建筑师事务所 AEDAS 等。

在配套服务方面，8 号桥也定位高端时尚。目前园区内有“FOODING 和 FEELING 共享”的乐法贝酒吧、日本料理清水町、TOUCH 美容保健会所等服务设施。

8 号桥创意产业园区的整体策划运作很成功，其租金已相当于上海甲级写字楼的租金标准。通过改造，老厂区散发出新的活力，也带动了周边地区进一步的发展。在从传统工业向现代服务业的产业转换中，8 号桥的改造模式实现了城市空间价值、历史价值、艺术价值、经济价值和社会价值的统一，成为旧工业建筑改造的优秀典范。

16 二期5层平面图
17 二期6层平面图
18 二期顶楼平面图
19 横跨城市道路连接一期二期的“桥”

20 21

20 墙肌理
21 "桥"内景

22 25
23 24

22~24 从不同的角度看桥
25 黑白线描般的金属构件

26	27 28

26 二期楼梯间和红砖墙变奏

27 二期位于二层的露天广场

28 竖向栏杆极端重复与砖墙不同的韵律感被强化

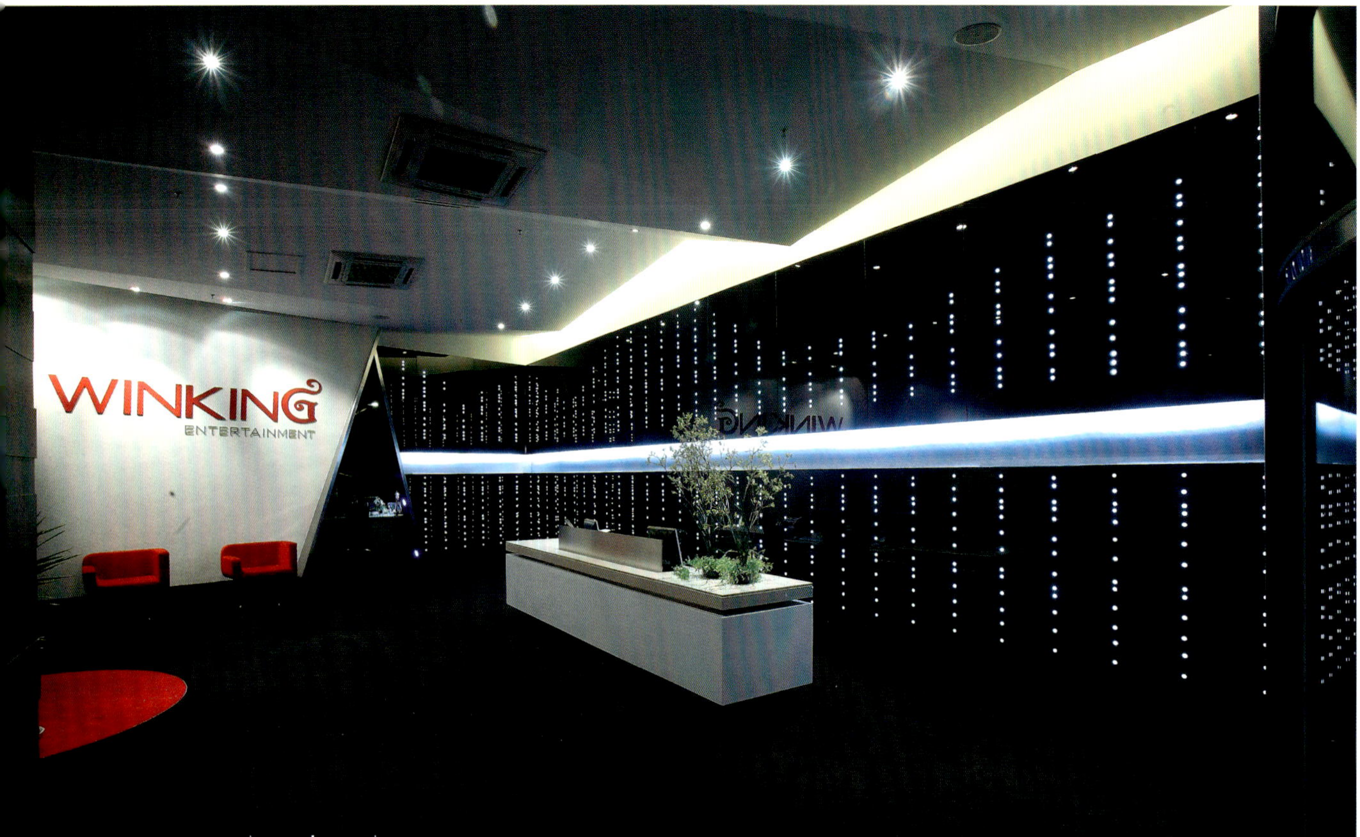

29 30 | 31 32

29 二期内某游戏公司的入口空间
39 独特的门非常吸引人注目
31、32 游戏公司的休憩空间

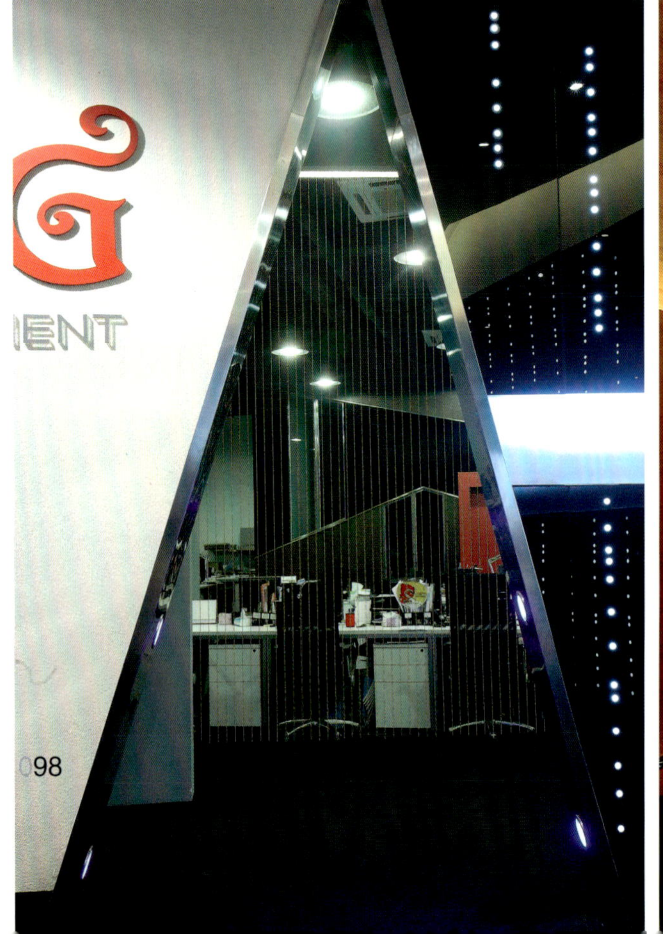

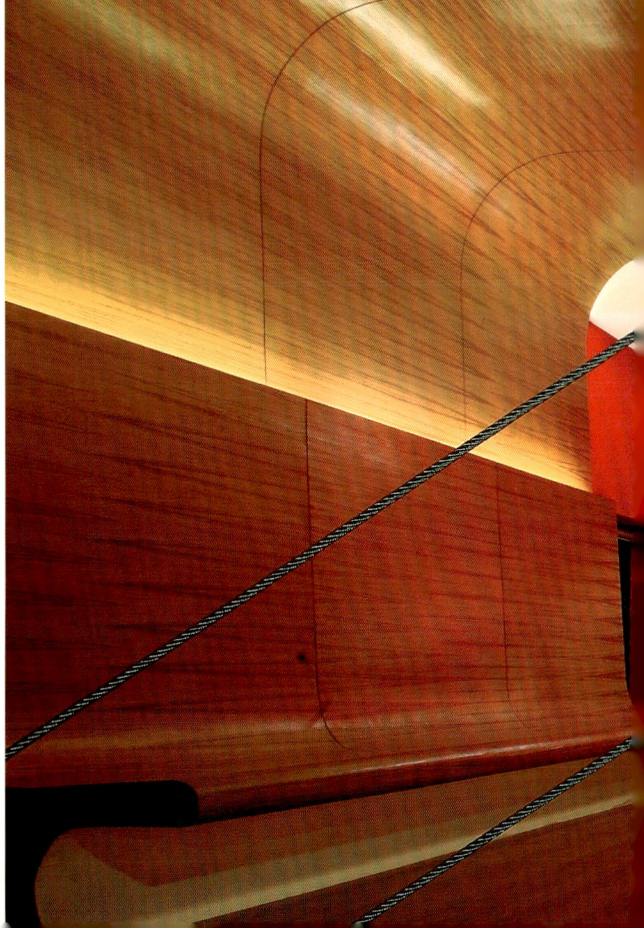

旧建筑的现代表情

宽厅会馆

设计　陈瑞宪
撰文　陈宇

项目名称：宽庭会所
项目地点：上海市莫干山路20号
建成时间：2006.05

01 入口看吧台

项目概况

上海苏州河畔的“M50 创意园”声名远播，是上海时尚文化的新地标。早在 2002 年创意园已初具规模，引进了国内外众多艺术家以及画廊、平面设计、建筑设计、影视制作、环境艺术设计、艺术品(首饰)设计等机构。这些艺术家及创意设计机构的引入营造了苏州河沿岸浓厚的文化气息，也吸引了更多与创意产业相关的企业和机构关注这一地区。2006 年 5 月 23 日，世界顶级家纺企业——宽庭会馆在 M50 创意园区正式开幕，会馆改造和馆内展示的国际知名品牌的家纺产品带来经典与时尚交融的新设计理念。

“M50 创意园”原为近代徽商代表人物之一周氏的家庭企业——信和纱厂。解放后相继更名为信和棉纺厂、上海第十二毛纺织厂、上海春明粗纺厂。上海春明粗纺厂，占地面积 35.45 亩，拥有自上世纪 30 年代以来各个历史时期的工业建筑 41000 m^2。在退二进三的产业升级改造中，苏州河畔的工厂仓库逐渐闲置下来。1998 年台湾设计师登琨艳租下苏州河中段的一处仓库改造为工作室，启发了很多艺术家关注这个地带。随着艺术家自发的聚集，政府也开始引导闲置厂房和仓库的再利用。上海春明粗纺厂在 2002 年被上海市经委命名为“上海春明都市型工业园区”，2004 年更名为“春明艺术产业园”。2005 年 4 月被命名为“M50 创意园”。

02 吧台

03 吧台对面是旧地板做成的大台阶

04 特殊的层高造就了特殊的展览空间

价值评估

宽庭会馆所在的厂房形态普通，主单层坡顶，砖混结构，室内空间开阔，屋架为三角形钢桁架。从实用角度来看，除了内外空间和主体结构外，其余部分并没有多少实用价值；从人文历史角度来看，上海春明粗纺厂是上海工业发展历史的一部分，也是城市历史记忆的重要载体。

改造策略

宽庭会馆项目的改造策略与设计师的理念密切相关。设计师为了使空间品质和氛围与宽庭在家纺业界的地位相称，从选址、建筑改造到室内设计都贯彻了在两极之间寻求结合的想法。在选址上，设计师选中了远离“M50创意园”核心的这栋厂房，保持了会馆的独立性和私密性，而“M50创意园”名声在外，处于道路转角处的这栋厂房却又很容易被发现，这种欲隐又显的区位选择，很贴合服务高端人群的宽庭会馆。设计师珍惜旧建筑的价值，认为旧建筑只有融入到现代生活中才能昌盛不衰，保留并不意味着一个毫无生气的博物馆。在建筑改造和室内设计方面，设计师确立的改造策略主要以修缮为主，寻求历史与现实的互动。

05 商品陈列展架
06 二层为主要的展示空间

设计特色:经典和创新完美结合

宽庭会馆的设计师陈瑞宪是台湾设计界的明星建筑师。2005年11月，陈瑞宪凭借高雄大远百诚品书店设计获得“亚洲最具影响力设计大奖”。陈瑞宪早年曾在安腾忠雄建筑事务所工作过,也许受安腾忠雄影响,其设计风格简约。

如何体现宽庭的高档奢华?不同设计师有不同的回答。陈瑞宪通过结合经典和创新,使宽庭会馆给人以精致奢华的家居体验。

在建筑层面,砖墙与玻璃盒子的结合是改造设计的亮点。原厂房斑驳的外墙经过整修成为簇新的红砖墙,具有雕塑感的红砖体量与后部的烟囱组合形成了标志性的景观。沿街的大片红砖墙上冲出一个玻璃盒子,盒子内样板卧室场景突出了家纺主题,在昏黄灯光映照下的奢华空间飘浮在空中如仙境,在夜晚格外醒目诱人。

在室内设计层面,设计师着力营造历史氛围和时空交错的舞台场景感。厂房室内原有的大空间被分成了相互交融的三层空间。空间中最有特色起主导作用的部件是通向二层的大台阶。这个宽大台阶的设计延续了高雄大远百诚品书店的做法，既可以席地而座，也可以举办主题聚会，设计师通过材料和灯光的控制,使宽庭会馆的大台阶与书店的大台阶有完全不同的氛围。

大台阶和主要楼面铺装材料都是设计师花从拆迁废弃的老房子里收集来的旧地板,这些旧地板散发出古旧的气息,给空间带来了历史的深度。大台阶中间嵌有一部玻璃电梯，电梯在昏暗的灯光下熠熠发光。沿大台阶可以走到二层主要的展示区,在钢架和帷幕的划分下,展示区如一个个超级真实的卧室和客厅,穿过层次帷幕,这些华丽精致的空间次第呈现。整个空间如剧场舞台,恍惚间人们不知所处的时空是过去还是未来。行走在台阶和展厅中,在欣赏品味这些精致家居用品的同时,自身也如舞台上的人物,有一份被关注的快感,这种刻意营造的氛围正是设计师的目标——低调的奢华。

07 08 | 09

07、08 保留的屋架墙面提示了空间的历史，反衬了展品的精致
09 黑色钢架和帷幕帐幔，营造出舞台似的空间氛围

10 | 11 12 13

10 豪华吊灯突出了展品的定位和适应人群

11 展示空间

12 三层空间中奢侈的电梯，提供了另外一种浏览商品的体验

13 豪华吊灯

娱乐化办公

Vinyl Group 的办公空间

设计　Vinyl Group
撰文　陈宇

项目名称：Vinyl Group 办公室
项目地点：黄陂南路 751 号 1 号楼 5 楼
建成时间：2006.11
建筑面积：600 m^2
室内设计：Ben Ling　Berwin Tanco

01 入口前台
02 设计师从西安兵马俑展示大厅得到启发，以"坑"为主题营造出非常独特的空间
03 平面图

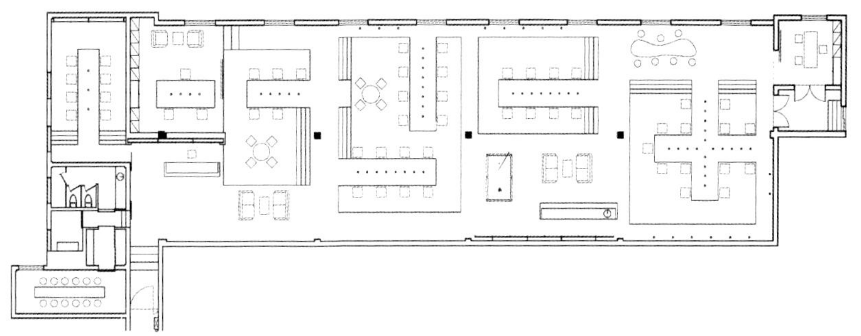

Vinyl Group 是三个很有活力的青年设计师领导的团队，他们自己设计改造的办公空间也体现了团队的文化特色。此办公空间在 5 楼，原是一处旧仓库，紧邻黄陂南路的上海新天地，交通便捷是最大的优点。600 m^2 的旧仓库没什么明显的特点，普通层高，钢架混凝土框架结构，有老式的钢窗。设计师没有改动老仓库的硬件设施，从实际需要出发，通过色彩设计和竖向设计，把老仓库改造成办公娱乐一体化的新型空间。

设计特色："坑"的构思

设计师有很好的专业实践经验，在多年探索中也形成了自己的设计方法，他们在结合业主需要的同时，能够解决问题并提出富有特色的设计方案。这一次，设计师自己是业主，面对的问题自己很熟悉：一是需要大量的储藏空间，二是兼顾工作与娱乐的复合使用空间。老仓库层高不高，做夹层阁楼显然不可能。设计师从兵马俑展示大厅得到启发，以"坑"空间为设计主题获得了完美的解决方案。

在竖向设计上，设计师把"地面"提高，"地面"之下是储存空间。提高的"地面"是主要的交通区和休息娱乐区，获得大量的储藏空间可以放置模型、图纸、电脑、活动家具、杂物等。三个主要的工作区域——设计部、市场部和管理部的底标高仍在原楼板层面，相对于新的"地面"，工作空间成为三个"坑"。"地面"延伸到"坑"里，成为工作空间的"桌面"。

由于模糊了地面和桌面，空间的性质也变得模糊起来，空间的潜力得到极大的发挥。当"地面"或"桌面"上的物品都放到"地面"下的储存空间，办公空间瞬间可转变为时尚发布的 T 台，或者举行聚会的场所。

事实上，工作和娱乐在时空上并不是截然分开的，只是不同的场合有不同的主角。设计师在空间布局上也充分考虑到这一点，两端独立的办公室和中央的台球桌就标示了不同场合的不同核心。

人在地面上活动的历史决定了人对视高改变很敏感。在工业社会之前，视高与地位、等级、控制密切相关。居高临下和仰望的视线都意味着不平等。而在 Vinyl Group 的办公空间中，设计师通过消解固有的活动区界限，灵活的角色扮演，轻松诙谐地表明了平等的立场。当团队中的你走在"地面"上俯视伙伴，或者坐在"坑"里仰视，更多感受到一种观察的新角度，而不是等级概念。

为了强化"坑"的意象，设计师把"坑"的底面漆成深灰色，其余界面全部漆成白色，包括原仓库的顶面、管道和钢窗。在这样的色彩环境中，空间更加整体统一，空间的主角人被突显出来。

04 05 06 07

04 “坑”——办公区

05、07 在 Vinyl Group 的办公室，办公和娱乐的界变得模糊，办公空间瞬间可以变为时尚发布的 T 台，或者举行聚会的场所

06 大片“地面”下都是储藏空间

08 | 09 10

08 方与圆的对比
09 会议室
10 主管办公室

上海城市
SHANGHAI
RED TOWN

红色变奏
上海城市雕塑艺术中心

设计　BAU 建筑与城市设计事务所
撰文　陈宇

项目名称：上海城市雕塑艺术中心
项目地点：淮海西路 570 号
项目功能：展示、创作、研究
建成时间：2005.11.11
改造投资：5000 万元
项目建筑师：James K Brearley　Federico Masin
建筑设计：澳大利亚 BAU 建筑与城市设计师事务所
建筑面积：2.5 万 m^2

01 厂区入口的小楼穿上木格栅外衣
02 厂区内的室外雕塑展品
03 厂区内的新街道
04 整修一新的老厂房

项目概况

上海钢铁十厂位于淮海西路 570 号，创建于 1956 年，其中冷轧带钢厂在 1958 年建成投产。上钢十厂从当时国内最现代化的工厂到工厂转型、厂房闲置，经过了三十年的风风雨雨。自 1989 年起，这片厂区寂静无声，一片荒芜。

2004 年 7 月，上海市政府批准了《上海市城市雕塑总体规划》后，筹建上海城市雕塑艺术中心工作成为上海市城市雕塑委员会办公室的工作重点。上海市城市雕塑委员会办公室和上海市规划管理局借鉴国外利用旧工业建筑改造为城市文化设施的成功实例，决定在上海主城区闲置工厂中寻找合适的旧厂房进行改造。经过一年的选择比较，最后确定把原上钢十厂冷轧钢车间改建为上海城市雕塑艺术中心。选择上钢十厂冷轧钢车间的主要原因有三，一是在新一轮的城市总体规划中，上钢十厂区域用地性质被定位为文化、服务等公共设施用地；二是该区位可达性好，位置适中；三是该厂房高大宽敞，功能适应性强。

新上钢十厂创意产业集聚区包括上海城市雕塑艺术中心、左家宅国际设计艺术中心、十钢时尚中心等组成。整个园区分为 A~H 共 8 个区，A 区 B 区是原冷轧带钢厂车间改建成的上海城市雕塑艺术中心。改造前冷轧车间的老厂房建筑面积为 6280 m^2，改造后面积增至 10280 m^2，其中展示面积 5000 m^2，画廊面积 3500 m^2。经过改建，老厂房成为集展示交流、创造孵化、雕塑储备、艺术教育功能于一体的公共文化设施。

Electrolux Design Space
DesignLibrary

05 06 | 07 05、06 金属网格限定的入口空间
07 网格丰富了室外空间体验

价值评估

原冷轧带钢厂车间为单层厂房，框架结构，红砖外墙，水泥缓坡屋顶。整个厂房长 220 m，宽 18~35 m，高 12~15 m。其中主体大空间长 180 m，跨度 18 m 的三角钢桁架间距 6 m，共 30 跨。

从外部形态来看，该厂房体量大，形体简洁。红色的砖墙使该厂房与一般灰色的工业建筑相比，更具有亲和力，红砖与外露的混凝土梁柱的对比也使建筑更耐看。从室内形态来看，虽然整体色调灰暗，但 180 m 通长的高大空间非常有气势，连续的桁架形成的韵律感也很有震撼力。

该厂房整体结构状态良好，外部造型和室内形态都有一定的审美价值和实用价值，也是反映上海近代现工业发展史的重要物质载体。

改造策略

在考虑了现状的特点和城市雕塑中心使用要求这两个方面后，整体的改造策略为修缮保护和加建并重。

修缮保护主要指维持原厂区的外部空间格局和修缮原冷轧车间。城市雕塑中心需要大片的室外展场，保留原城区的中心开放空间，有利于布置室外展场和安排停车等配套服务设施，也有利于展现原厂房的整体外貌。原冷轧车间虽然整体状况良好，但毕竟闲置多年，水泥屋盖和很多门窗需要维修更换，为再现历史，延长其使用寿命，保留其原有特征，整体修缮恢复原貌是必要的。

上海城市雕塑艺术中心需要各种不同规模的功能空间，使用上也与工业生产的要求不同，因此如何适应新功能要求是研究改造策略和手段必须考虑的。最后确定的改造策略是在不破坏原有厂房的前提下进行加建，以满足新功能的使用要求。

设计特色：老厂房新形象

钢铁厂的形象、氛围与城市公共艺术中心的形象、氛围一定是不同的。如何在这两者之间找到结合点，是上钢十厂外部空间重塑的关键。设计师从色彩、材料和细部入手，通过整体改造外部环境，使老厂房焕然一新，成为有艺术魅力的公共活动场所。

红色象征活力也有亲和力，也许是老厂房红砖墙的启发，整个厂区色彩控制的主题选用了醒目的红色，"红坊"这个名称可以作证。整个厂区，从入口的涂料饰面的三层小楼，到保留的冷轧车间和新建建筑的外墙，主体都是红色；主要的 LOGO 和指示标牌也是红色，多处可见的锈钢板和木格栅是红色的变奏。

经过修缮的冷轧车间恢复了原貌，设计师通过加建新入口和增加装饰标志等手段，使老厂房有了新形象。红人沙龙入口简洁朴素，小尺度的门是灰黑色的钢格架内嵌木条(是展厅主入口巨门的迷你版)，上部为灰黑色的钢梁悬挑支撑着一块玻璃雨棚，门一侧是灰色的混凝土窗过梁上贴着灰色的中英文红人沙龙的文字，整体灰、红两色的入口与原厂房融为一体。而 CICI 俱乐部入口则以对比为特征，白色的钢构架通过点支撑构建成一个大玻璃盒子，表皮的方格图案使玻璃盒子在消失和突显之间摇摆，巨大的黄色 CICI 字母和金色的大门把手也让人产生尺度的错觉。大尺度、新材料和新结构的引入使老厂房和新入口各自特征得到了强化。除了室外布置的雕塑展品、山墙正面和转角处的银灰色"上海城市雕塑艺术中心"标识，一些室外细部的处理也使老厂房增添了艺术气息，如位于红人沙龙入口上方的空调室外机的处理。设计师以锈钢板盒子罩住室外机，为改善散热，盒子两侧又如支摘窗似的撑起，盒子正面，在锈钢板上镶嵌大红的 LOGO，通过这些处理，不仅解决了技术问题，还丰富了老厂房的形态。

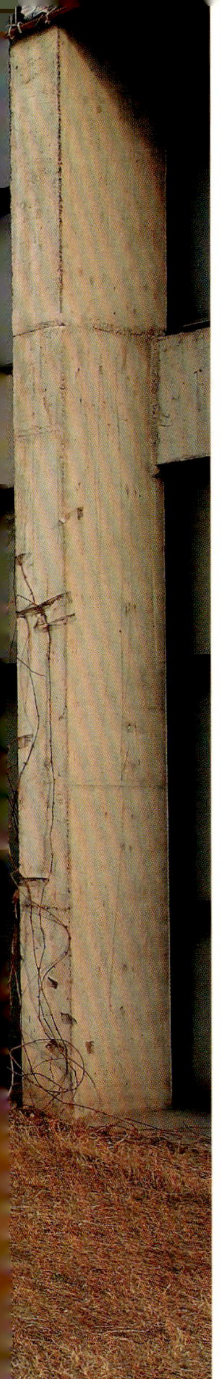

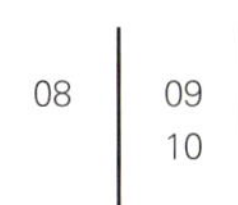

08 雕塑中的入口之一

09、10 室外雕塑展品

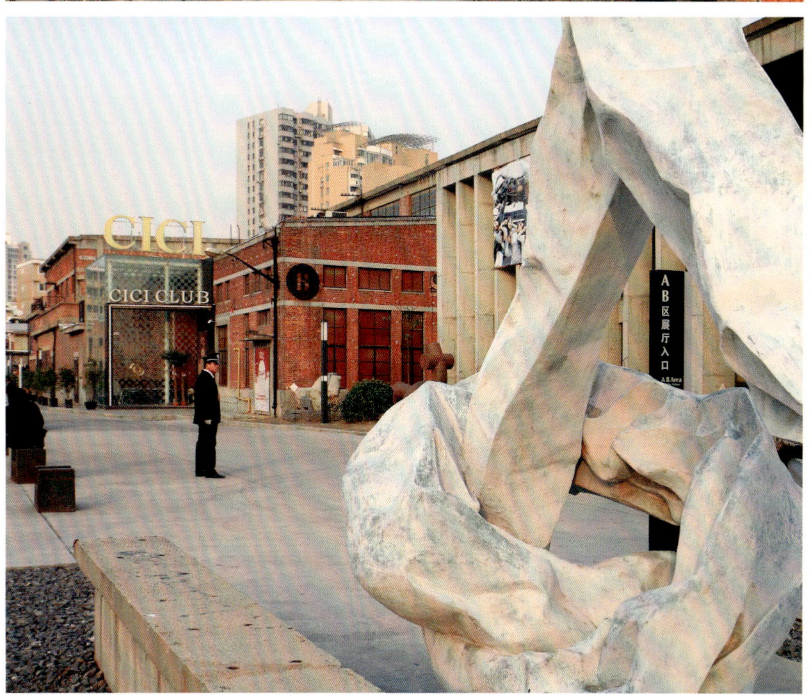

11 12 13 11 特别的背景使展品有了新的解读
12、13 室外雕塑

设计特色：对比与和谐

对于展览类建筑，室内空间不应喧宾夺主，应该突出展品。冷轧车间室内空间形态简洁，整体气氛为灰色调，正好满足展览要求。设计师在研究了上海城市雕塑艺术中心的功能要求后，把整个厂房分为AB两区处理，满足了功能要求的同时，使空间更丰富而有情趣，在对比与和谐的精准控制中获得整体的统一。

南侧的A区为主展厅，原有的大跨空间被完整地保留下来。24 m长8.4 m宽3.6 m深的淬火池经过清理，被改建成下沉展区，宽大的台阶为多种活动的发生提供了可能。A区南端加建了夹层平台，长长坡道沿着东墙平缓上升到夹层平台。站在夹层平台上或A区北墙处的办公空间中，整个展厅尽收眼底。三个不同标高的处理和坡道的引入，丰富了单一的厂房空间，增加了不同规模雕塑展示的适应性，也提供了多种视角的观赏视线。

北侧的B区内为安排画廊、艺术家工作室、创作机构的办公空间及与之配套地咖啡厅、酒吧等设施，在原有大空间内加建了2~3层的钢架混凝土构筑。加建的部分紧靠西侧，东侧仍保留了108 m通长的高耸空间，加强了最北端的雕塑收藏馆与大展厅的联系。

所有新建部分使用了素混凝土、钢、玻璃、木材等材料，材料的色彩基本控制在黑白灰色系中。无论新的材料、形体、空间如何组合，新建部分与原厂房很好地融成整体。

使用情况

经过近半年改建，上海城市雕塑艺术中心于2005年11月11日建成开放。开幕时举办了首场展览——“雕塑百年”，在100天的展期中，有超过6万人的观众到来。至今为止，上海城市雕塑艺术中心已举办过“向京个人作品展”、“罗丹雕塑艺术展”、“第6届上海双年展”、“身体·媒体——国际互动艺术展”、“日本新多媒体动漫艺术展”等多项展览，深受群众欢迎。经过两年的使用检验，证明了项目改造的成功。

随着其他各区项目的陆续建成，以上海城市雕塑艺术中心为先导的上钢十厂创意产业集聚区将带动该地区逐步发展成为上海城市中心区最具活力的公共艺术中心。上海城市雕塑艺术中心的保护性再利用，保留了城市记忆，并为城市公共艺术设施的建设和老工业建筑的重生探索了一条新路。

14 | 15

14、15 室内展览空间

16	17	16 大空间的厂房内加建了三层楼 17 新加部分黑白灰色调弱化自身，突出展品

CREASIA

18 | 19 20

18 框架与大片玻璃窗格与厂房构架融为整体

19、20 雕塑中心一角

重塑表皮

X2 上海数字娱乐中心

设计　HMA 建筑设计事务所

撰文　陈宇

项目名称：X2 上海数字娱乐中心

项目地点：上海市斜土路，茶陵北路 20 号

建成时间：2006.03

业　　主：力山投资等

改造投资：2000 万元

建筑面积：13110 m^2

建 造 商：上海申奥工程有限公司

项目概况

上海亚华印刷机械厂兴建于上世纪80年代，包括6栋多层厂房，总占地4178 m^2，位于徐汇区茶陵北路与斜土路交叉口。随着城市的发展和用地功能的调整，厂区所在地段不断升值。在上海创意产业园日益兴盛的背景下，亚华印刷机械厂在寻找老厂区再利用方向时，徐汇区政府建议把这里改造成创意产业园区。2005年，旗下拥有携程旅行网和如家酒店的立山投资公司作为主要投资方开始运作该项目，并委托上海"8号桥"创意产业园的设计团队进行设计。2006年3月，亚华印刷机械厂老厂区被成功改建成"X2上海数字娱乐中心"。

"X2"得名于斜土路，X是"斜"的声母，2(TWO)是"土"的谐音。

X2是以"数字娱乐"为主题，以IT与创意设计业为主的商业创意产业园区。改造后的园区总建筑面积13110 m^2，主要分为三大功能区：商业建筑面积2116 m^2，可经营餐饮、商店、游戏娱乐、美容护理等项目；办公与LOFT建筑面积9797 m^2；公共配套服务面积1197 m^2，包括多功能展厅、图书馆和会议中心等。

价值评估

亚华印刷机械厂这6栋厂房形态普通，平顶，钢架混凝土框架结构，层数4~6层不等，层高3.3~5.4 m。6栋厂房围成U形的院落，开口朝向斜土路。从区位看，该项目地段周边交通便利，高架、隧道、地铁、公交线路通达四方，地段商业开发的价值很大；从实用角度来看，除了内外空间和主体结构外，现存厂房其余部分并没有太大的价值；从人文历史角度来看，上海亚华印刷机械厂是上海印刷工业发展历史的重要部分，也是城市历史记忆的一部分。

改造策略

原亚华印刷机械厂虽然位于闹市区，却与世隔绝，这是由它的功能决定的，毕竟印刷机械厂的主要活动与普通市民的生活没什么直接联系。而改造的最主要目的，就是激活该地段，让这片城市空间重新融入城市，与城市生活紧密相连。

整个项目改造从功能、空间和造型三方面入手，采取不同改造策略以达到再利用目的。在功能方面，采取全面置换策略，以酒吧、茶餐厅、创意办公等第三产业项目置换原有的印刷机械产业；在空间方面，尊重原有的城市空间肌理，重新组织室内空间，加强内外空间的渗透和整合；在造型方面，采取重塑"表皮"策略，强化节点，促进建筑与环境对话，以新的形象回归城市空间。

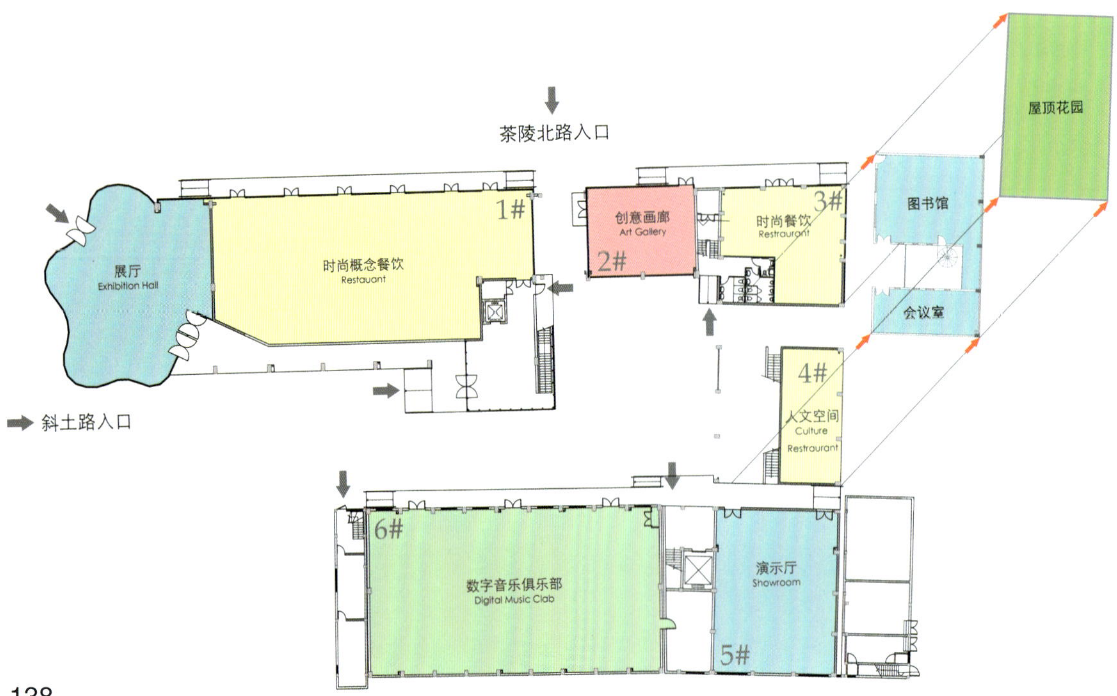

01	03
02	04

01 从室内看被丝网包裹起来的楼梯平台休息区

02 平面图

03 整个设计以内院为核心组织外部空间

04 结合空调室外机位，厂房新立面上设计了大尺度的立体图案

设计特色一：回归城市空间

“X2”与城市空间的整合自然妥帖。在处理外部空间的系统设计时，设计师给原工厂的外部空间重新赋以街道、过街楼、庭院的空间属性，使原以机器为主体的空间更适合城市生活。

整个建筑群以内院为核心组织外部空间，内院通过一段狭长的前院与斜土路的联系，与茶陵北路以过街楼联系，这样处理，既可以享有便捷的交通，也能使建筑群内院有相对安静的氛围。

“X2”与“8 号桥”的改造都是 HMA 建筑设计事务所设计的，但两个项目的外部空间特征截然不同。“8 号桥”除了入口广场，外部空间没有中心感，是个小尺度的街巷系统，虽然局部有二层的交通廊道，总体来看，外部空间是平面系统，没有一处可以总揽所有外部空间。“X2”的外部空间尺度大，整个外部空间系统一目了然。建筑群以内院为核心，各楼层的主要水平交通廊道都安排在内院一侧，六楼的屋顶设置一个小花园，外部空间呈立体系统。

“X2”的外部空间组织强调人与人、人与自然的交流，这样的理念也贯彻到内部空间的设计中。建筑群底层的商业和公共服务空间尽量开敞通透，加强与街道和内院的交流。楼层的创意办公空间也保留了工业建筑开阔的空间感，设计师在其中安排了 130 m^2 的精致小户型 LOFT(3.3 m+3.3 m)，上层居住下层可做工作室，另外还安排有层高 3.3 ~5.4 m 的大空间办公，可灵活自由划分。设计师通过 LOFT 和局部夹层的设计手法创造复合空间，这些手段，都加强了空间中人的联系，也促进了内外空间的交流。

“X2”灰空间的设计丰富多彩，设计师通过不同材料、图案的运用和光的控制，形成多种气氛的灰空间。围绕内院的外廊一侧，不规则地覆盖有钢板，钢板上镂刻大大小小的方孔图案，穿行其间，斑驳的光影投射与地面，隐有江南隔扇窗的韵味。而扩大的楼梯平台休息空间，如太空舱飘在半空，丝网造成的半透明效果飘渺游弋，与外走廊略带古典意境的氛围形成强烈对比。

05 木板的运用赋予建筑新表情

06 X2 创意空间顶楼
07 跳跃的空间表情
08 镂空金属板重现了江南隔扇花窗的光影和意境

设计特色二：重塑城市形象

亚华印刷机械厂原有的城市形象是朴素、严肃，有点呆板。成功改建后的“X2”很快以现代、轻松、活泼、友好的新形象被大家接受。

HMA 的设计师利用有限的资金，为旧厂房换上了新衣。新的表皮有多种处理方法，如 3 号楼的外立面处理是色彩鲜艳的涂料粉刷一新，喷上图案；沿茶陵北路的 1 号楼外立面处理是以无彩色的黑白灰色系覆盖原有墙面，再结合空调外挂机做立体装饰造型，形成大尺度的图案效果；朝向内院的外廊立面处理是在内外过渡的灰空间界面装饰镂空穿孔钢板；5 号楼被包裹上一层半透明的丝网。设计师选用了多种当地材料，虽然价格不高，但通过精心设计，取得很好的效果。各种木百叶、自由开孔的铁板、玻璃和铁丝网等材料为界面的空间中，光影和图案塑造的氛围让人印象深刻。

在造型处理上，园区主入口和内院是两个重点。设计师在主入口 1 号楼底层布置了展示空间，透明流线型的形体很切合街道转角的位置，也柔化了原建筑生硬的城市界面。展示空间对外开放，公众可在此了解企业的创意产品，体验科技的魅力。入口处设置了电子信息屏，通过滚动的信息发布，“X2”可以不断与城市对话。

从主入口看内院，一侧是巨大的木制“X2”，一侧是中国最大的数字音乐内容供应商“绝对浩室”的巨幅形象展示，远处漂浮在内院转角空中的半透明白色体块非常醒目。这是设计师重点打造的空间节点。此处是水平和垂直空间系统的交汇处，也是可以同时全览入口和内院的空间，这样的造型处理既有足够的标志性，也使方整静态内院空间活跃起来。

09 10 11 | 12

09 从休闲区看 X2 创意空间的丰富变化

10 每一栋楼都被赋予了不同的表情

11 移步换景

12 通过在钢板上镂刻大大小小的方孔图案，营造出丰富的光影变化效果

13　14　15

13 楼梯
14 样板房
15 旋转的楼梯

出口

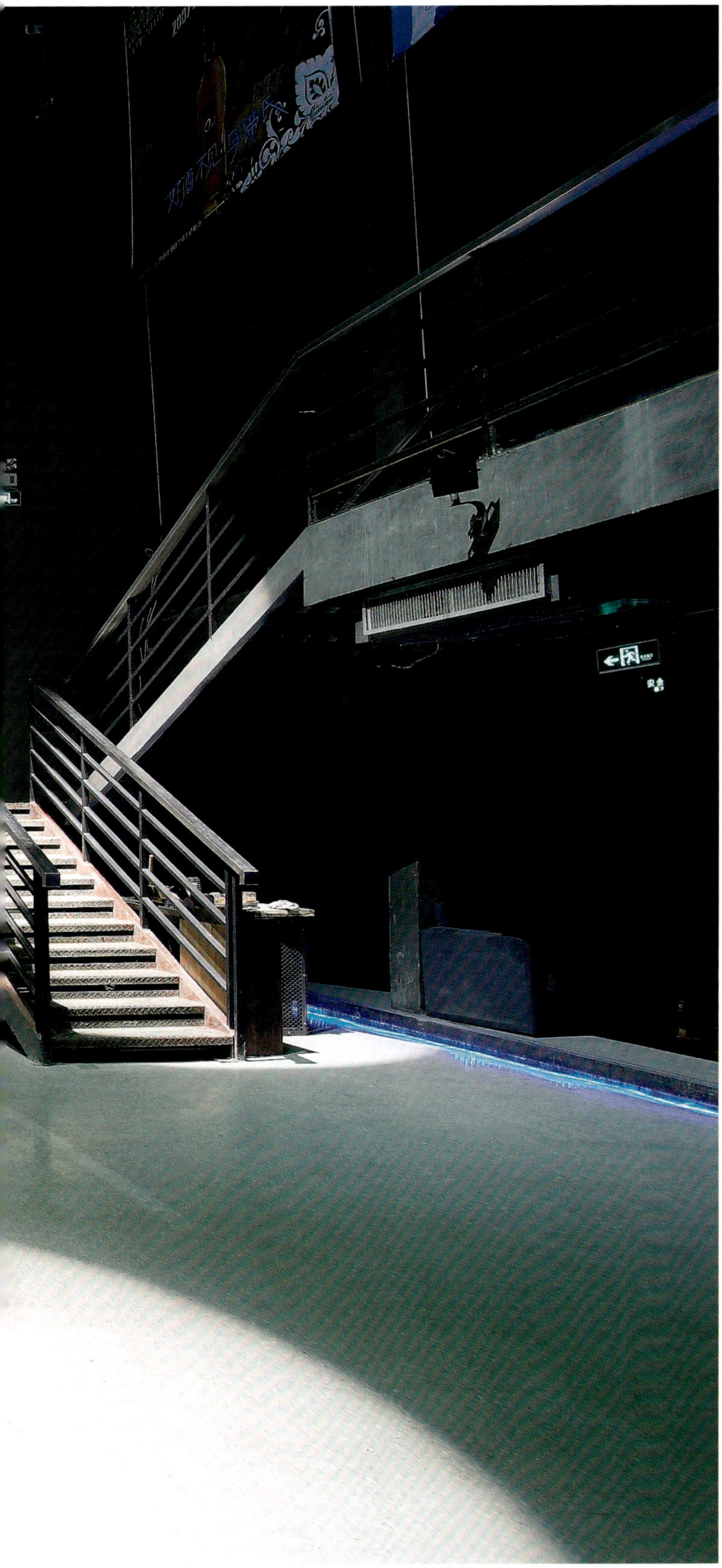

16	17 18

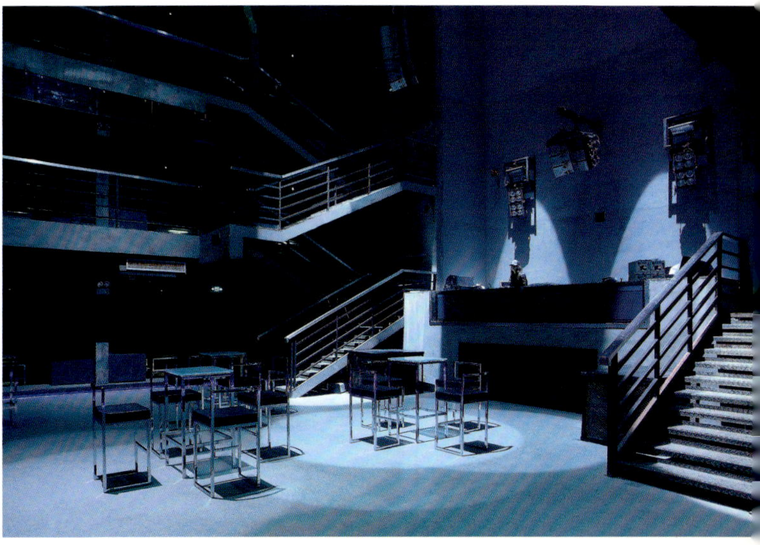

16 超乎寻常的层高是这一空间的特点所在，非常震撼
17、18 蓝色光的运用非常符合空间的冷峻风格

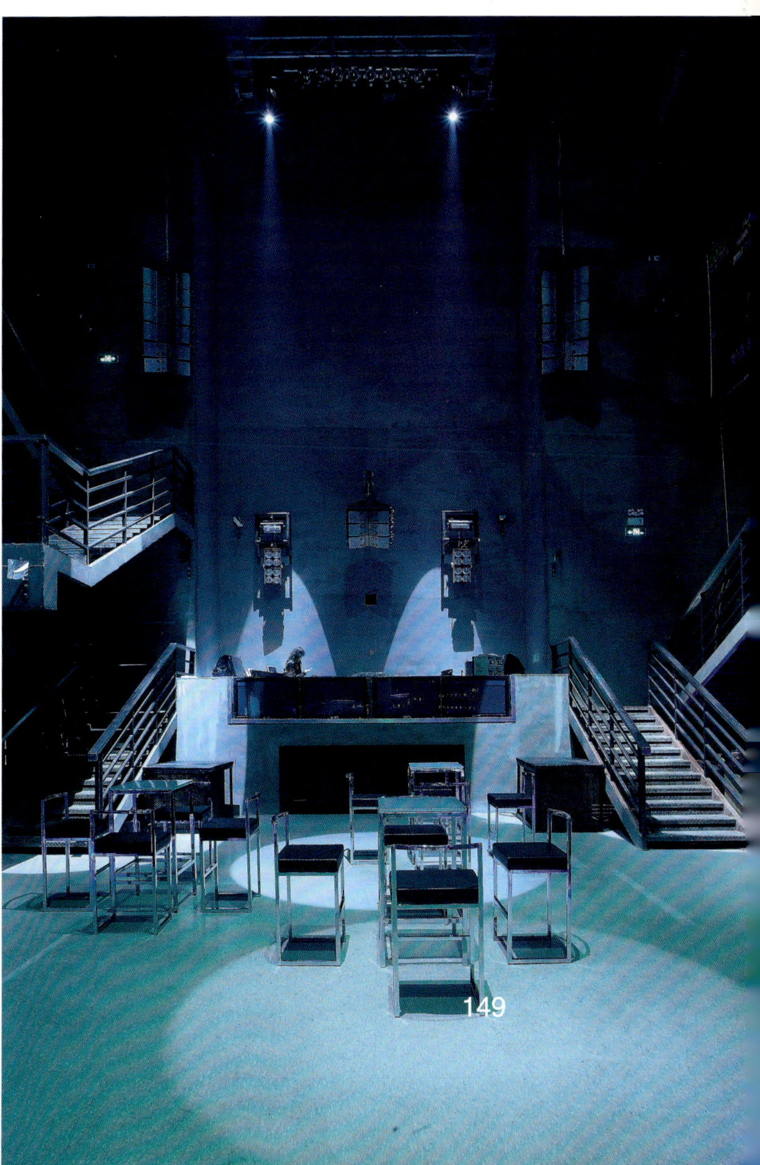

19
20

21

19 二、三楼包厢
20 随楼梯的流动而布置的房间
21 酒吧

HOUSE

22 | 23 24

22 吧台
23、24 洗手间

25 | 26

25、26 三楼入口

27 28 | 29

27 VIP 包间
28 三楼包厢
29 三楼包厢

当代艺术的狂欢

尤伦斯当代艺术中心

设计　Jean-Michel Wilmotte［法］

　　　马达斯班设计师事务所

撰文　陈宇 王彦

项目名称：尤伦斯当代艺术中心（CUUA）
项目地点：北京朝阳区大山子 798 艺术区
建成时间：2007.11
业　　主：尤伦斯基金会
占地面积：6500 m^2
建筑面积：7896.5 m^2

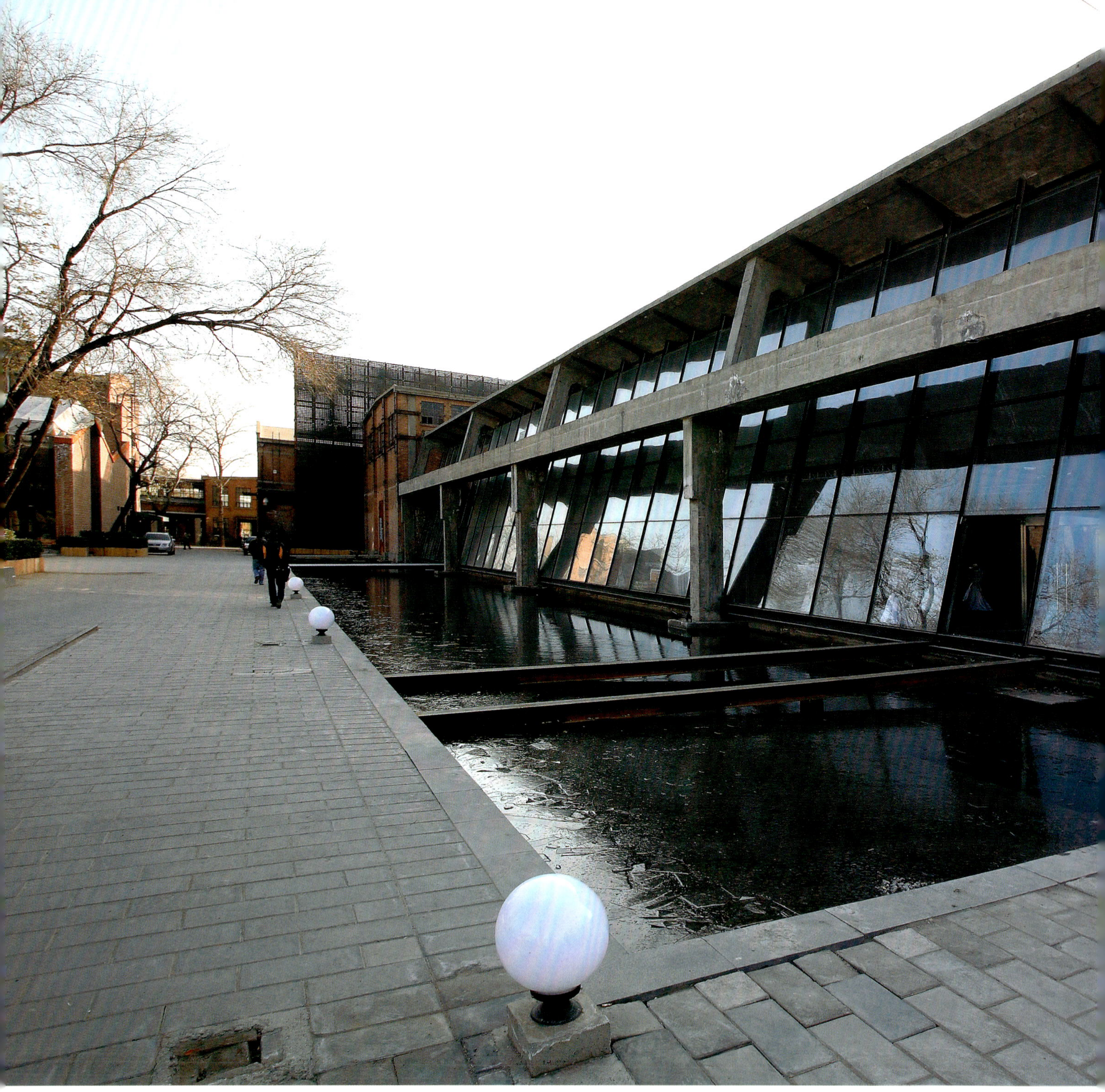

项目概况

尤伦斯当代艺术中心(CUUA)是一座非盈利的综合艺术中心，位于北京朝阳区著名的大山子798艺术区。这里原来是1950年代民主德国设计建造的军工厂，近年来以其低廉的租金、包豪斯风格的厂房，以及良好的区位条件，吸引了一批艺术家和文化机构扎根于此，逐渐发展成为包括艺术中心、画廊、艺术家工作室、设计公司、餐饮酒吧等为一体的艺术社区。

2005年比利时收藏家尤伦斯夫妇选择了厂区内一座厂房，决定将之改造成为展示自己收藏的多功能艺术空间，最终于2007年11月正式开幕。艺术中心计划陆续推出一系列重要展览，并致力于打造一个通过教育、研究项目分享当代艺术体验的平台。

01	02 03

01 798 艺术区聚集了世界上许多著名的画廊

02 旧工厂的现代面孔

03 历史的痕迹随处可见

04 05

04 798 艺术区的一角

05 随处可见的艺术

价值评估

尤伦斯当代艺术中心是由一座占地 6500 m² 的包豪斯风格厂房改造而成。周边现状杂乱，由于在工厂运营期间多次加建，该厂房四周都被其他建筑贴建或包围，四个立面的红砖外墙基本上已无法看到。厂房附属的 50 m 高的大烟囱，成为唯一的突出标志。

厂房结构为连续两跨的拱型钢架结构，曲线形式优美。每跨中部升起，形成高侧窗采光。室内空间单一开阔，净空高，功能适应性强。

改造策略

由于现状的局限，该建筑没有进行外立面改造，这也是 798 艺术区内厂房改造的一个普遍策略，其原因有二，一是周边建筑情况复杂，原厂房被包围其中，已经没有“立面”；其二，由于房屋是租用性质，因此将精力集中在室内空间的改造上也是一种恰当的选择。这反而使整个 798 艺术区呈现一种整体、协调、朴素的风格。

建筑师选择了不改动建筑外观，尊重基本建筑结构，对室内空间进行整体重构的设计策略。

50 m 高的大烟囱成为保留的元素之一。在城市层面，这是 798 艺术区的标志性构筑物；在建筑室内设计层面，大烟囱标记了建筑的历史痕迹。设计工作主要集中在对室内空间的改造再利用上。该厂房原有的大跨结构结合顶部采光天窗，功能合理，形式美观，建筑师完整保留了这一工业景观，并综合运用铁件、不锈钢、玻璃等材料，根据功能的需要，对室内空间进行组织重构。建筑内部以白色为主，深灰色辅之。

改造后的厂房建筑在满足使用功能的基础上，兼顾了保存历史记忆，也体现了当代艺术对生态性、历时性、地域性以及多元性的思考。这种改造模式符合可持续发展的“3R”(Recycle，Reuse，Reduce)原则。

06

06 在 798 艺术区，艺术不再遥远
07 造型特别的某画廊入口

07

08	10
09	11

08~11 798 艺术区以其多元包容的态度成为艺术家的朝圣地

设计特色一：室内公共空间的创造

尤伦斯当代艺术中心功能完善。除展厅外，艺术中心还设置有报告厅、图书档案中心、多功能厅、艺术商店、咖啡厅及餐厅等公共活动场所，这些空间为不同受众设置，面向学校、社会团体和公众开放。与798艺术区内其他厂房相比，功能要求较为多样复杂。为了满足多种使用功能，设计师在保留结构框架、采光高侧窗的基础上，对室内空间进行了全面的改造。

整个建筑有两跨各11 m的拱型钢架，钢架中部升起为高侧窗，形成“凸”字形的室内空间（最高处约9.45 m）。设计师将其中一跨用作最大的1号展厅，可以举行大型展览，根据展陈的需要，自由分割空间；对于另外一跨，则充分利用其高大宽敞的空间，设计了“一条中央通廊+两侧上下夹层空间”的模式。中间有自然采光的通高公共空间串连起两侧的不同功能空间（包括底层的艺术商店、第一展厅、第二展厅、报告厅、咖啡厅，二层的图书档案中心、多功能厅、办公室等），为此，设计师增设了两部楼梯、一部电梯以及两座二层天桥。

设计的点睛之笔就是中央通廊的处理。对于尤伦斯当代艺术中心，交流和展览是同样重要的，因此除了功能设置的多样与丰富，还需要创造出促进人们进行交流的室内公共空间，设计师选择了街道这一传统元素，创造了一条生气勃勃的室内的街道，它不仅连接了各功能区，同时也被赋予了公共交流的性质，参观者可以产生一种“逛”的心态：柔和的阳光从高侧窗倾泻下来，“街道”两侧有展厅、商店以及休息、交流的座椅，联系两侧二层空间的钢结构天桥跨街而过，也增加了线性空间的趣味性。街道的端头是标志物——大烟囱，生锈的铁件与退色的红砖，在整体灰白色调的环境中成为视觉的焦点，竖向的结点也是整个空间体验的高潮。环绕大烟囱之下的是“街头”咖啡厅和餐厅，参观者可以在此享用美食，品味艺术。

12 | 14
13 | 15

12 旧时军工厂非常适合改造为展览类空间
13 历史的每一发展都在空间中留下了痕迹
14 新与旧的融合和冲突
15 无处不在的艺术与趣味

16 | 17 16、17 入口
18 18 入口看大厅
19 19 入口大厅上部天花

设计特色一：独具匠心的新老结合

作为一个老工业建筑改造项目，尤伦斯当代艺术中心的设计没有纠结于通常这类改造项目所热衷的建筑形象层面的怀旧趣味，或是后现代式的拼贴手法，而是回归到建筑的本质，深入的研究现状，通过精心设计，将实际需要与保留现状巧妙结合在一起。

1.入口处理

尤伦斯当代艺术中心周边被其他建筑包围，入口位置较为偏僻，因此，设计师选择了视觉上强烈对比、空间上合理引导的手法，吸引参观人流。

由于入口位于甬道的一端，设计师用两片高 6 m 的独立墙限定了这个内凹空间，其中一片是标有 CUUA 红白 logo 的黑色金属板，另一片是黑色金属网，简洁明确，于周边杂乱的环境中脱颖而出，引导参观人流进入内部。这种做法也没有破坏原有的建筑风貌。

2.室内效果

798 艺术区内其他被改造用于展示艺术的空间，往往会故意暴露原有的斑驳墙体，或是保留过去年代的一些文化符号，从而表现后现代的趣味。相比而言，尤伦斯当代艺术中心更关心的是最终的展陈效果，室内非常纯净、低调：白色的墙面、顶棚，灰色的地面，以及局部的黑色构件，更好地衬托了其中展示的艺术品。9.45 m 的高大的展厅能够容纳一些当代艺术超常规的尺寸。

3.采光设计

在原有的高侧窗采光的基础上增加设置了电脑控制的调光百叶，当感应到阳光时，调光百叶会自动张开，将阳光从高侧窗引入室内，并根据光线变化调节角度，保证室内光线的恒定，也减少了对照明光源的依赖。根据展览的需要，展厅内部照明应选择折射光线，设计师在保留的钢架结构上固定连续的金属导轨，在其上方安装了照明装置，利用光线打在顶棚上形成了均匀的折射光线，提供照明。

4.暖通设计

由于为了展现原有建筑的结构美，中央通廊及 1 号展厅没有进行吊顶处理，如果采用通常的顶棚送回风系统，将破坏室内空间效果，而且建筑室内净空较高，其实际效果也将不甚理想，为此设计师巧妙利用了原有厂房的地沟，采用了地面出风系统，实现了纯净的空间效果，且这套系统也能很好的控制下部空间的温度，较为节约能源。

位于夹层空间的 2、3 号展厅，则采用了条形的侧墙送回风系统，保证了极简的设计风格。

5.大烟囱的语义转换

设计师在中央“街道”的尽头设置了咖啡厅和餐厅，此处空间的标志物便是那根 798 艺术区的最高构筑物——大烟囱。在这里，大烟囱完成了语义意义的转换，即由原先的工业厂房里具有生产功能的烟囱，转换成为如今艺术中心里象征餐饮休闲空间的烟囱，完成了从生产语境向消费语境的转换，同一事物表征了不同的意义，让人产生不同的联想，讲述时代的变迁，设计师的用心良苦，实为点睛之笔。

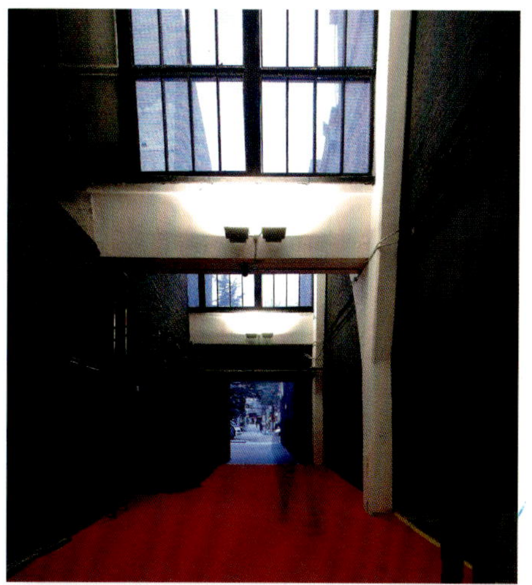

20 21 22

20 被刻意保留下来的锅炉显示了建筑的历史

21 一层为小商店，二层为办公区

22 二层办公区走廊

23 | 24 25

23、24 二层办公区

25 展厅

使用情况：

尤伦斯当代艺术中心(UCCA)开幕至今，已经举办了一系列重要的展览活动，如开幕展“85新潮：中国第一次当代艺术运动”，这是有史以来对85新潮艺术运动最大规模的整理，详尽完整地把这一段珍贵的历史重新呈现在了公众面前。2008年有2个大展，一是3~6月的“占卜者之屋：黄永砯回顾展”，这是国内第一次为黄永砯这位蜚声国际的华人艺术家举办的个展；在奥运期间的7~10月，尤伦斯当代艺术中心将在中国第一次介绍其丰富的收藏，举办尤伦斯收藏展。其他还有很多重要的个展，将介绍国内、国际的当代艺术作品，其中包括知名和有潜力的艺术家个展以及探索当今艺术实践发展状态的群展。

UCCA为支持中国新生代艺术家的创作，还创立了实验项目计划。作为馆内展览项目的延伸，现场合作项目为国内外艺术家提供结合UCCA建筑空间元素的特别创作机会。艺术中心还将通过馆际间的合作与全球各地的艺术中心成为伙伴，通过展览、驻地研究和其它活动的互动交流，实现为本土艺术家搭建专业平台的目标。

在文化项目的推广上，UCCA提供电影、音乐和表演等活动，通过研究会、论坛等形式创造艺术家、学术界、策展人和评论家间的对话。同时，一系列的教育项目计划组织讲座、参与型讨论会和导览活动，引导公众接触艺术，使观众深刻的了解艺术背后的故事。

由于尤伦斯当代艺术中心不以盈利为目的，也有更多的时间将艺术展组织在一起，因此和周边其他画廊比较而言，该中心会展示质量更高的艺术作品，从而推动798艺术区整体水平的提高。该中心拥有先进的空调、安保和照明系统，也将是游说海外博物馆同意外借馆藏艺术品到中国展览的一个重要优势。

26 看似普通的一面墙，实则是一幅当代艺术作品
27 烟囱后部的小型电影院入口
28 休息区，大烟囱是设计师刻意保留的

29	30 31	29 自流平水泥地面、白色的展览隔墙，现代而精致 30 展览区 31 细部

办公新体验

LOFT49

设计　内建筑设计事务所
撰文　陈宇

项目名称：内建筑设计事务所
美国DI设计库
凡人传播
大金商业展示
项目地点：杭州市杭印路49号

01 下层的绿色在微型天窗的照射下营造出小品庭院的意境

02 内建筑设计事务所平面图

项目名称:内建筑设计事务所

工程面积:700 m^2

设计时间:2002.09

建成时间:2003.03

摄　　影:潘杰 陈乙

项目概况

杭州市拱墅区杭印路一带是老工业区，聚集有许多大型国营纺织厂，上个世纪九十年代前，这里曾织机轰鸣，一片繁荣。随着杭州产业结构的调整和工厂的外迁，这片老工业区开始逐步走向了衰落，大片空置的旧厂房静静肃立，有些萧瑟悲凉。然而近年来，杭印路49号开始热闹起来，成为媒体关注的焦点。

占地52.4亩的杭印路49号，原为创建于1958年的杭州化纤厂，后是杭州蓝孔雀化学纤维有限公司的锦纶分厂。为盘活存量资源，工厂面向社会廉价出租厂房。自2002年美国DI设计库中国公司第一家进驻以来，目前旧厂房的出租面积已达2万多 m^2，吸纳了20多家单位，其中包括一所学校和17家艺术机构，涉及工业设计、室内设计、广告策划、服装设计等多个创意领域，聚集了上百位设计、创作人员。新的入驻者为这些昔日的废弃车间注入活力。在这片废旧厂区里，艺术家和设计师自发组织，创造出一块充满个性、富有感染力的新型文化和创意型产业聚集地。

本文介绍位于杭印路49号内的四个旧厂房改造作品，分别是内建筑设计师事务所、美国DI设计库、大金商业展示设计有限公司和凡人传播的工作空间，这四个案例都是内建筑设计师事务所的作品。

价值评估

这片老厂区离市中心较远，原有通达外部的小路也不明显，环境安静，厂房出租的价格不高，对实物运输量很少的创意类机构很有吸引力。

厂区内建筑都为多层，质量较好，建筑形体和空间缺少特色，形态普通。老厂房室内空间开阔高大，有利于改造适应不同的使用要求，承租人可以通过增加夹层等方式提高空间利用率，也可以形成各有特色的新空间环境。

改造策略

这片厂区的再利用是自下而上的企业行为，并没有远期整体的发展规划。出租单位只提供物管和厂房，各承租人没有产权，也不能对业主资产进行大的改变。由于有一定的流动性，承租人一般也不会投入巨资进行改造。

因此，进入厂区的机构为了自身的需要，主要是对室内空间进行划分。改造对厂区外部空间的影响很小，除了增加了一些机构入口标志外，整个厂区基本维持原貌。

原厂房的印记被作为积极要素对待。经过改造，LOFT高大的空间特性被富有创意的设计师充分利用，老厂房遗留的旧机器设备如：泵阀、管道、料斗等因也被作为旧工业文明的历史记忆郑重地保留下来，并精心组织到新的工作和生活空间中。

设计特色——内建筑设计师事务所

改造通过钢架结构在原厂房空间中架出夹层增加使用面积，同时利用界面高差分隔定义各功能区域，并营造出错落有致的空间格局。入口以酒吧休息区作为内外过渡空间，由楼梯直接与上层空间相连。为避免空间平铺直叙带来的单调感，设计以高低落差将二层区域划分为两部分，以出挑的玻璃盒子打破建筑立面，沿钢架结构撑起的玻璃台面建立起上下两层间的空间联系。一层为工作和会议空间，两区域间同样以一块加高的地面相区隔，丰富空间层次性。散落在空间内的古家具、古建筑构件以及与原厂房内的工业管道等设施一起使办公空间也呈现出一定的戏剧化表现。

03　04

03 携带着不同时期历史记忆的工业管道、家具和物品并置
04 吧台（远处是办公区的入口楼梯和保留的送料斗）

05 06 07 08 09	10

05 斜放的长桌使方整的空间变得放松，墙面上的展示作品也形成不断变化的装饰腰线

06 保留的工业空间元素拓展了新功能空间的意义

07 联系三个不同标高空间的楼梯

08 夹层天桥下的投影屏幕

09 钢、木、玻璃材质的对比

10 清除一切干扰的工作台面

Design Ideas

11
12
13

11 设计工作空间的前台
12 夹层空间
13 可移动的屏风灵活划分空间领域

设计特色——美国 DI 设计库

美国 DI 设计库是一家现代办公用品设计和产品供应的企业，它是 LOFT49 的第一家入驻者。改造设计对空间在垂直方向上做了多层划分，制造出更多的使用面积，同时错落的空间带来丰富的层次感。开放而自由的格局符合其创意产业的行业特性。入口以圆型接待台及锈蚀的背景钢板作为空间转换节点，界定出接待商务中心。工作区域敞开，以低矮的隔断区划出个人空间，既方便交流又保持了工作空间的相对独立性。会议和展示空间以斜切的隔断墙面和能 360 度旋转的玻璃屏风打破规整的空间布局。整个空间中硕大的排气管、生了锈的机器这些工业时代的印记都被保留下来，它们穿插于各楼层间，成为空间个性的组成部分。红、黑两色始终贯穿设计，重复而大块面地出现，突出空间的整体性。

项目名称：美国 DI 设计库
工程面积：3000 m^2
设计时间：2002.09
建成时间：2003.04
摄　　影：陈辉州

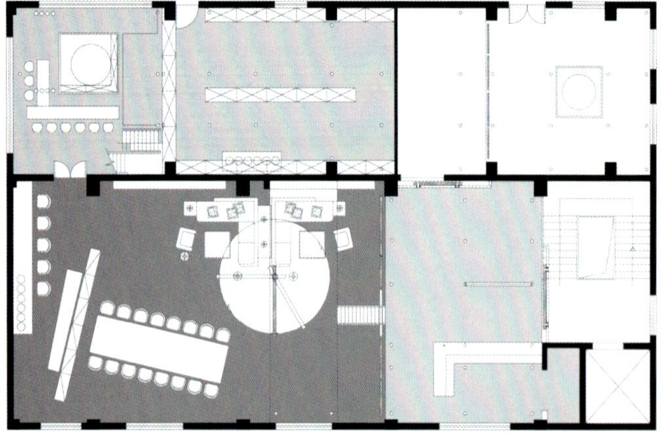

14 陈列展示

15 美国 DI 设计库一层平面图

16 美国 DI 设计库二层平面图

17 吧台

项目名称：凡人传播
工程面积：600 m^2
设计时间：2005.09
建成时间：2006.04
摄　　影：陈辉州

18 文字突出了心境和眼前意境的对比
19 一点色彩和生机勃勃的植物对景使简洁的走道有了意境

设计特色——凡人传播

此改造设计在原厂房的基础上进行了部分加建和改建。600 m^2 的空间主要划分为画廊、办公和酒吧三个区域。入口以巨大的铁门加强厂房的工业气息。入口右侧为办公区，左侧为画廊。画廊占据了整个空间的主要部分。其形状规整，完全为开放式，原厂房的斜屋顶架构被保留下来，除简单粉刷外，没有多余修饰，一块能够 360 度旋转的黑色展板可根据不同需要对空间做出相应调整。作为展示空间，它充分地利用了 LOFT 建筑较之一般建筑层高高、空间大、可自由使用的特性，满足使用者不断变化的空间需求。与画廊直接相连的酒吧区，与办公区相望，之间以通道分隔。通道空间地面做成长而缓的坡道以增加空间趣味性。坡道的一端延伸至画廊，另一端以镜面结束，行进中可体验到办公区与酒吧区不同的景致。

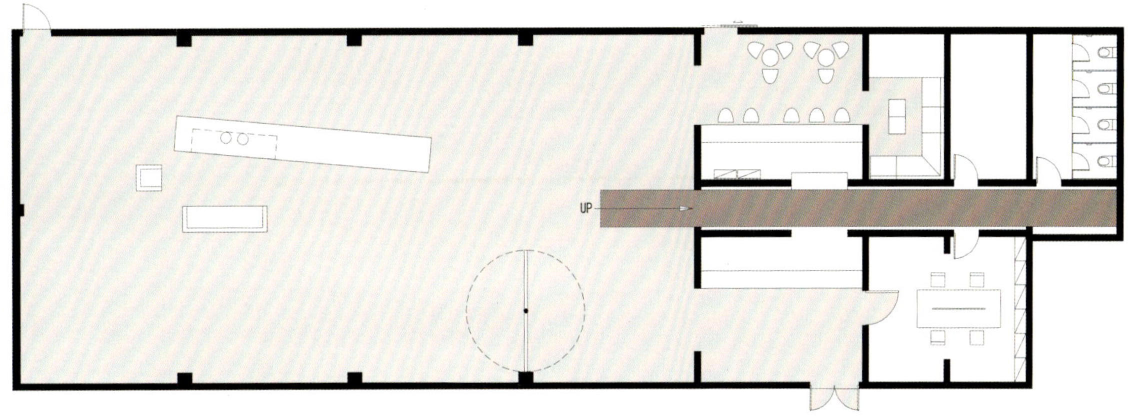

20 | 21
22~25

20 条纹装饰的吧台空间
21 凡人传播平面图
22 一柱一桌一屏风成为限定和调节空间的主要元素
23 随着屏风的旋转，室内景观如画轴展开
24 留白，生命才有生长呼吸的空间
25 条纹装饰的独立小间

DOORKEY DESIGN

26	27

26 主入口收紧暗示了更精彩更开阔的空间存在
27 百叶窗光影使简约的设计更耐看

设计特色——大金商业展示设计有限公司

改造基本保留了原建筑结构，原厂房空间多梁柱的特点成就了空间的秩序感，顶面、地面和墙面仅做简单的粉刷处理。只有一层的开敞空间里平面组织简洁而清晰，办公、会议等功能区域分布合理。入口以一段红色顶面的过道展开空间。主区域内全部以白色为基调，大面积玻璃窗带来充足采光。开放、半开放和封闭空间互相渗透，可旋转的书架区划出工作空间，淡紫色的有机壁板以弧线围出经理办公室，同时曲面造型与空间中的直线条形成互补，赋予空间动态感。

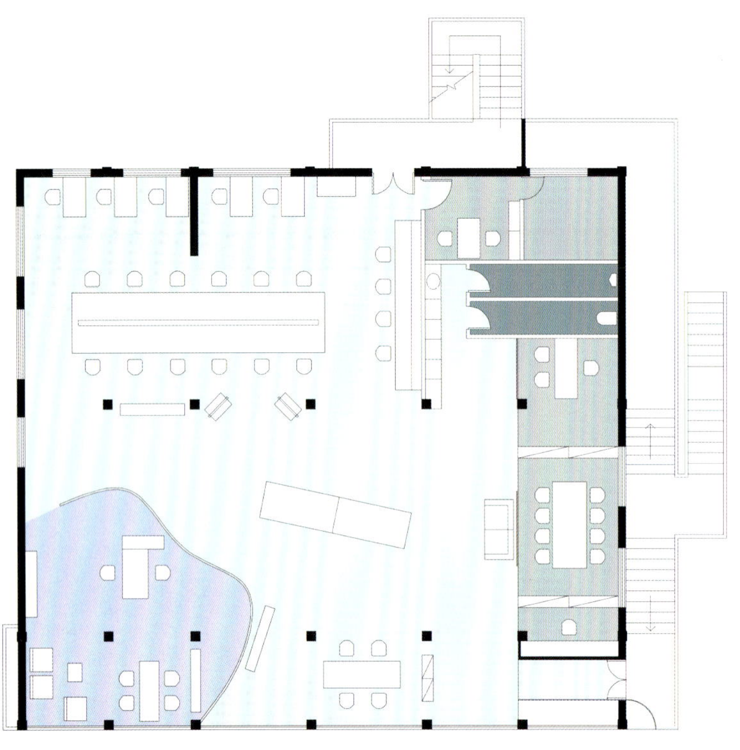

28 | 30
29 |

28 大金商业展示设计有限公司平面图

29 狭长比例的卫生间强化了进深感

30 流线形的半透明隔断划分出小尺度的工作空间单元，也使大空间边界有了丰富的表情

生态试步

URBN 酒店

设计　A00 建筑设计事务所
撰文　陈宇

项目名称：URBN Hotels
项目地点：上海市胶州路 183 号
建成时间：2007.12
业　　主：URBN Hotels & Resorts
室内设计：TAIS CABRAL
形象设计：SGTH DESIGN

01 临街的院门
02 从酒店门厅看入口前院

项目概况

2007 年 12 月，精品酒店企业 URBN Hotels & Resorts 在上海投资的 URBN Hotels 正式开业。因为特色鲜明，只有 26 个房间的小酒店在高档酒店林立的上海声誉鹊起。URBN 酒店位于上海市胶州路 183 号，距离南京路只有两个街区。酒店原址为上个世纪 70 年代启用的邮政局。经过四个月的施工，旧建筑焕然一新，被改造成中国首家实施碳中和政策的环保酒店。

价值评估

该项目最大的价值是地段区位。项目场址位于上海市中心，周边是上海老城区的沿街商铺、本地饭店和老式里弄房，步行两个街区就可以到达拥有上海高档购物、娱乐、商务区的南京西路。原旧建筑本身造型和空间都很普通，长方形的平面，多层框架结构。建筑南侧有一长方形的庭院，庭院不大，但几颗大树很是提神，在上海稠密的市中心，这样的庭院空间应是值得珍惜的。

改造策略

项目业主在上海有很多建筑改建项目的经验。在城市面貌和生活日趋同化、环境保护得到关注的今天，业主根据本案的现实条件，以重视本土特色和可持续发展理念为核心指导整个项目的策划和改造。

酒店规模很小，场地也不大，大酒店的辉煌空间在此会显得做作。营造亲切如居家的氛围，让宾客可真正近距离地体验上海的城市生活，这样的酒店对异域的旅行者来说有很有吸引力。为强化本土体验，URBN 酒店除了提供传统的酒店服务之外，我们还提供额外的太极、瑜伽课程，客房内个人美容及养生服务、自行车租赁、徒步观光导游、中国烹饪课程以及基础国语课程。

在实体改造方面，设计师保留了原场地空间形态和建筑主体框架，通过材料和内部空间的重组细分，强化本土气息和文化氛围。在整个项目运作过程中，根据建筑全寿命周期循环理论，在酒店设计、改造、运营、维护的不同阶段中，设计师和项目管理运营者贯彻可持续发展理念，选择可循环使用材料、对环境友好的技术设备方案等等综合措施，为“绿色酒店”的推广做出榜样。

03 05
04 06

03 前院郁郁葱葱
04 立面图
05 南立面增加的竹木结构
06 剖面图

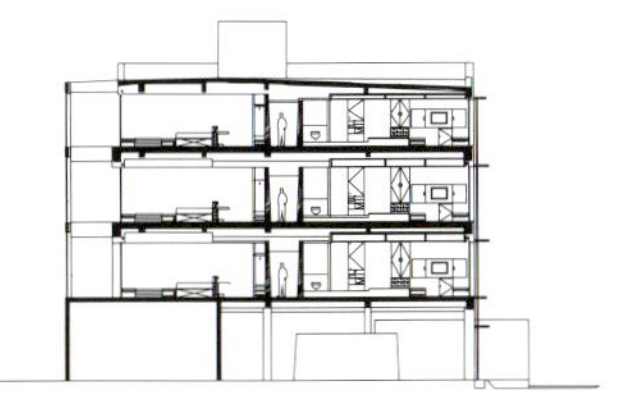

07　08　07 入口门厅和接待前台
08 格栅、竹影映衬下的餐厅

设计特色一：庭院

在上海胶州路这样一条普通的生活街道上，如果你不是专门去找URBN 酒店，很可能会错过它的入口。简洁的木质门框两开间宽一层半高，在底商上住的周边店铺中尺度适中，既和谐也醒目。门框内同质的大门上隐约可见大大的酒店 LOGO 图案，门框一侧有小小的酒店名称。这样的入口已经点明了酒店闹市隐居的特征。

推开入口小门，进入酒店庭院，闹市的喧嚣抛于身后，宁静的庭院让旅者身心得以放松。设计师以细腻的心理体验和精准的尺度把握，通过古树、砖墙把庭院纵向划分为三个区域。古树以东，紧靠入口的区域是小小的前院，所有的对外交通都在此连接，也是刚进入酒店庭院的心理缓冲空间；古树和砖墙之间的区域是酒店接待处的入口，砖墙上再次出现的 LOGO 引导宾客进入酒店，古树如迎客的侍者立于门旁；砖墙后是休憩活动的主庭院空间，走进此区域，才可以总揽庭院，由于收放对比，主庭院虽然不大，感觉还算宽敞，尤其是与一层的室内餐厅空间全部连通，加大了庭院南北向的视觉深度。

庭院的设计也都采用了自然材料，灰色的砖、本色木地板、竹管、木等朴实的自然表面和素雅的色彩使整个庭院的气氛放松而亲切。保留的古树广玉兰和水杉、翠竹柔化了庭院空间，白色细石子的庭院铺地使空间开敞明亮，石子间几处汩汩的喷泉使庭院增添些许动感。

整个外部空间既有中国传统庭院的亲切宜人的氛围，也有现代庭院简洁明快的特征。特别是酒店内的小天井，点缀了竹石，寥寥几笔就有了中国水墨的清雅意境。

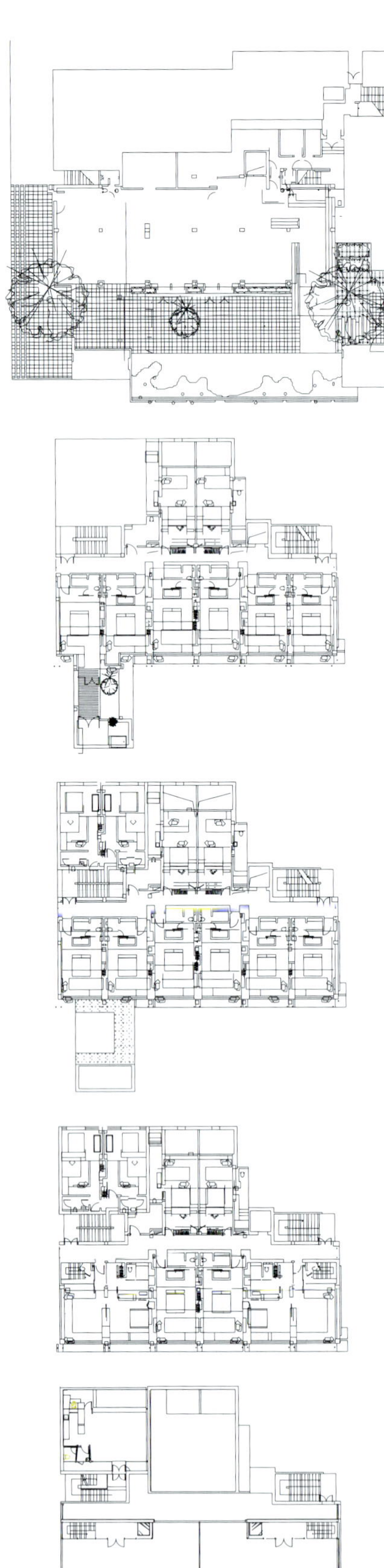

09 | 10

09 平面图
10 主入口前台和餐厅与庭院房间融合

设计特色二:室内

室内设计师在URBN酒店项目中除了延续简洁、现代、舒适的个人风格外,在与本土历史文化结合和客房空间设计两方面有了新的突破。

酒店的一层是接待处和“room28”餐厅。一层长方形的大空间被几片有雕塑感的砖墙划分为入口过厅、前台、供客人休憩的沙发区和餐厅等方整的次级空间。设计师为了活跃空间,在方整的空间中引入斜线,划分空间的砖墙截面是梯形,整个墙面是倾斜的,为了强化这一效果,墙面上片砖所构成的图案亦是倾斜的,前台侧面也是倾斜的。被划分的空间之间视线不能完全通视,空间之间由于转折、流动的变化变得更丰富而有层次。

一进酒店走到前台,可以看到木质前台后的背景墙是以各种旧皮箱“砌成”的。那充满岁月痕迹的斑驳皮箱如装着神秘的历史故事,在静静的诉说。前台一侧供客人休憩的沙发区不大,因为与餐厅空间连通并不觉得局促,此区天花上几组如江南绣娘用的绣花绷装饰使空间有了不同的时空感。餐厅空间分为两区,远离庭院的是吧台区,靠近庭院的是坐席区,餐厅与庭院几乎没有分隔,整个一层空间故意模糊的边界使有限的空间更开阔。仰望餐厅坐席区天花上的错落有致的吊灯,非常有趣,各种瓶状的白色吊灯与餐桌上透明的高脚酒杯遥相呼应,营造出轻松欢快的气氛。

酒店客房虽然不多,但几乎每套设计都不同。设计师打破了标准客房标准设计的做法,为回头客提供了更多不同的体验。客房设计主要的创新有两点,一是功能空间的重组,二是竖向标高的变化。一般酒店客房的功能空间都是分为独立的洗浴和以电视为核心的起居、睡眠、办公等空间。在URBN酒店客房设计中,设计师不再严格划分洗浴空间,所有空间融合一体,睡眠休息和电视主导的空间份量弱化,而更关注起居空间,并通过空间的一体化设计,提高整体空间品质。设计师利用旧建筑较高的层高,在客房内设计出不同标高的功能区。标高的微妙变化以及与家具的良好结合,使宾客获得新的体验。木质饰面材料的运用使客房更温暖,木质壁龛和式样别致的吊灯也使客房与传统居住空间有了若即若离的关联。

11 12 13

11、12 餐厅
13 从餐厅看庭院的枯山水和竹林

14

15

设计特色二:环保

URBN 酒店为中国关注环境保护和可持续发展的“绿色酒店”建造和营运做出了示范。2007 年五月份,URBN 酒店与环保桥(Climate Bridge 是为企业等提供减少及中和温室气体排放解决方案的专业国际中介机构)签署了一份协议,成为中国首家实施碳中和政策的“绿色酒店”。酒店消耗的全部能量,包括员工通勤,食品和饮料递送,客人使用的各种能量,都将会被记录并用来计算碳的排放量。URBN 酒店将通过投资于中国的绿色能源发展和减少排放项目,以购买积分来中和其碳的排放量。

URBN 酒店在建设和营运中针对环保的措施主要有以下几点:

1.珍惜现有资源

URBN 酒店没有采用目前大拆大建的方式更新旧城,而是仔细地修复保留建设场地上一切可再利用的资源,包括空间资源、绿色植物、旧建筑。设计师在设计改建时,采取多种措施加固原有建筑结构,延长其使用寿命,设计师也精心组织空间,强化了百年玉兰树的景观和生态价值。此外,设计师还从上海拆迁的老房子中收集了青砖、硬木、旧地板、旧皮箱等材料,运用在 URBN 酒店的改建中。

2.选择可循环使用材料

为了尽量减少垃圾,节约资源,URBN 酒店改建主要选择竹、木、石、玻璃、砖等可循环使用、自然降解的材料。从街道入口的大木门到前台砖墙、旧皮箱一直到客房窗前的竹管遮阳,宾客能从很多细节感受到 URBN 酒店对环保理念的追求。

3.选择环境友好型的技术设备

1)带有余量回收的水系统空调;

2)采用低瓦数的节能照明设备;

3)无源太阳能天窗;

4)双层窗户;

5)被动式太阳防护帘;

6)低 VOC 油漆;

7)环保级别的清洁用品;

8)雨水收集利用系统。

4.方案设计

在改建方案设计时,设计师采取了许多被动措施以达到节能目的。这些措施包括通过绿化和竹管遮阳、设置天井拔风、室内空间设计采用自然照明自然通风等。负责 URBN 酒店形象设计的 SGTH 是首家在中国范围内被列入"设计改变地球"国际组织(designcanchange.org)成员名单的设计公司,SGTH 以推广可持续性产品和绿色设计项目的经验成功地为上海 URBN 酒店创造出独特风格和形象。

5.公众参与

全球气候变暖使国际社会对二氧化碳减排的控制要求日益强烈,有社会责任感的人们也渴望通过自身的努力对环境保护做出贡献。URBN 酒店给宾客提供了这一可能,每位酒店客人可以购买碳积分来抵消他们飞行中的碳排放,在酒店日常生活方式中也有针对环保的不同选择。

URBN 酒店在日常运营中持续关注环境保护,并积极组织相关活动。2008 年 4 月 26 日在 URBN 的底楼院子里酒店举办了上海首届的“环保设计节”(Eco Design Fair)。小小的庭院聚集了三四十家企业和组织热心参与,这次活动也使“绿色酒店”的理念得到推广。

14 前台旁的休息等候区

15 不同材料和质感的墙穿插布置，丰富了空间层次和景观序列

16 前台以旧旅行箱“砌”成的背景墙

17 | 18

17 前台西侧是餐厅
18 走道

19 20	21

19 客房
20 卫生间
21 客房内的会客区

22 别致的吊灯使客房与传统的居住空间产生某种联系

23 洗浴空间与就寝空间融为一体

24 木质材料的大量运用使客房营造出温暖的感觉

25 青砖背景墙

26	27	26 如家一样感觉的氛围 27 细部

27

包裹
达利国际

设计　内建筑设计事务所
撰文　陈宇 王粤砾

项目名称：达利国际
项目地点：杭州市萧山区鸿达路北侧
业　　主：达利（中国）有限公司
建成时间：2007.10
建筑面积：8000 m^2
设　　计：内建筑设计事务所
摄　　影：潘杰

01

01 入口处的雕塑

项目概况

达利（中国）有限公司创建于 1973 年，专业从事真丝绸面料的印花及染色加工、真丝绸梭织、针织服装、服装辅料制作及成衣出口服装的企业，其自有品牌 AUGUST SILK 是中国在全球销量最大的丝绸女装品牌。2001 年，达利公司在杭州萧山投资 1000 万美元收购了杭州凯地丝绸股份有限公司印花生产基地。2006 年，结合原凯地公司厂区建设达利丝绸工业园。达利丝绸工业园包括办公区、服装生产中心、印染中心、研发中心、检测中心、展示中心等部分，本案介绍的办公楼和综合楼就是利用原凯地公司的老厂房改造的。

价值评估

位于萧山经济技术开发区的达利丝绸工业园紧靠杭州绕城高速、杭甬高速和机场路，对外交通运输非常方便。本案改造的两栋单层厂房原建筑质量较好，每栋厂房高约 14 m，20 个开间，约 120 m 长，进深 2 跨，约 36 m 宽。厂房室内净高 10 m，空间开阔，有很强的功能适应性。

改造策略

由于老厂房可供再利用的基础条件好，改造的主要工作不是针对老厂房本体。设计师结合新的使用要求，在室内室外两个层次对老厂房进行加法改造。

从生产车间变成办公、生活服务的功能，空间的尺度要求和形象要求都是不同的。针对外部空间的改造，设计师采用新的表皮包裹老厂房，强化实体和外部空间的整体性，获得简洁明快的效果，也塑造出企业充满活力的新形象。针对内部空间的改造，设计师根据不同活动的尺度要求，重点是划分室内空间，把原有单一空间的大厂房，设计成尺度宜人并可举办多种不同规模的产品发布、庆典聚会等活动的场所。

02 铝条编织的"丝质"的表皮使室内外空间的过渡更微妙，镂空的表皮消解了老厂房沉重的体量感

03 入口前台

设计特色：包裹

两栋单层厂房分别被改造成办公楼和综合楼，办公楼内包括办公、展示陈列、洽谈会议等功能，综合楼内设有员工餐厅，VIP包房等。办公楼和综合楼相对而立，两栋楼围合成中心广场。

为改变厂房建筑刻板沉重的印象，设计师首先以浅灰色涂料重新粉刷了老厂房外墙，再在厂房外包裹了一层“丝质”的表皮。“丝质”的表皮是铝条编织的，通过透光度计算，铝条被打乱重组，形成的网状外衣可调节光线，镂空的表皮消解了老厂房沉重的体量感。

办公楼和综合楼的包裹略有不同。办公楼的新表皮与老厂房外墙间的距离都是等距的，正面入口周围设有一圈水道，上铺不锈钢网板通行，这样的处理使办公楼更显轻盈。而紧靠园区入口的综合楼在东端和办公楼的近身包裹处理不同。综合楼的新表皮向东侧延伸，形成一个半室外的庭院空间，并通过树木的引入进一步模糊室内外的空间划分，也使室外空间有了更丰富的层次。

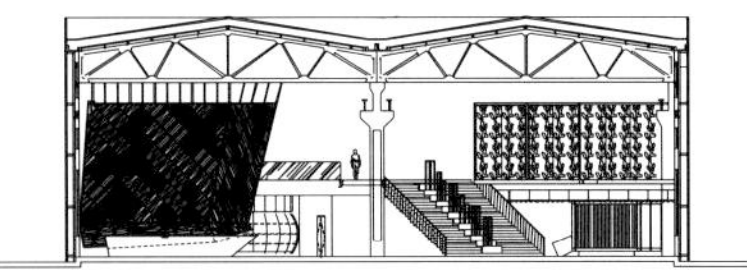

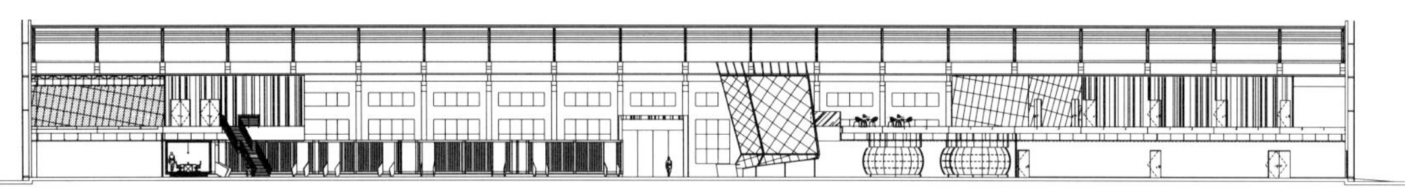

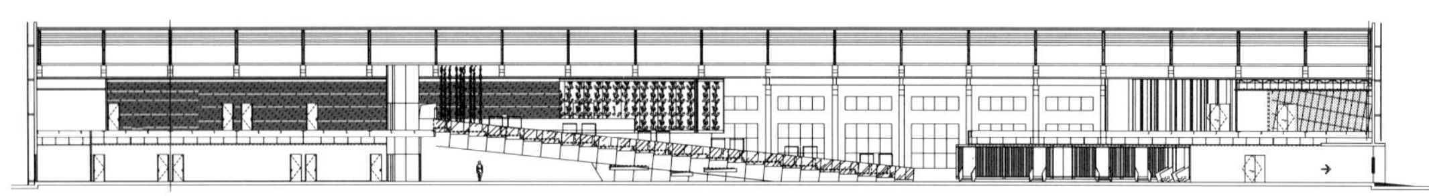

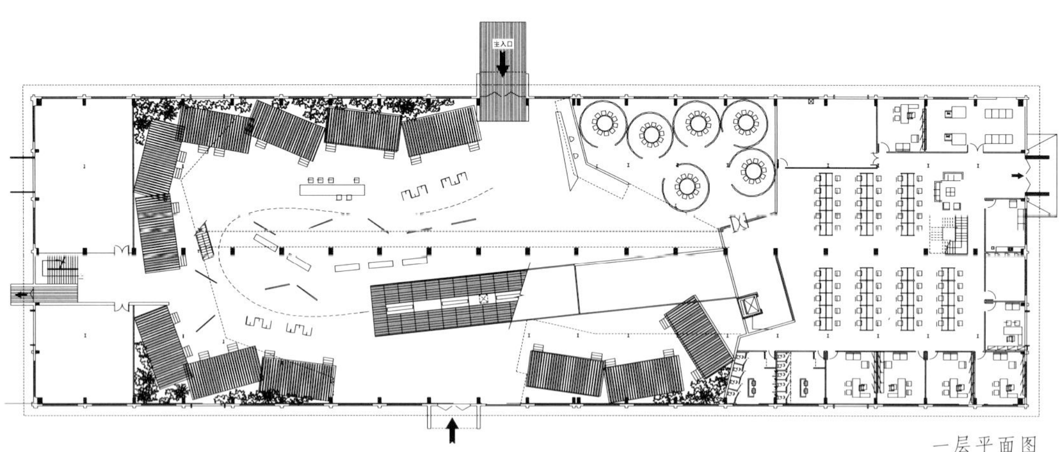

一层平面图

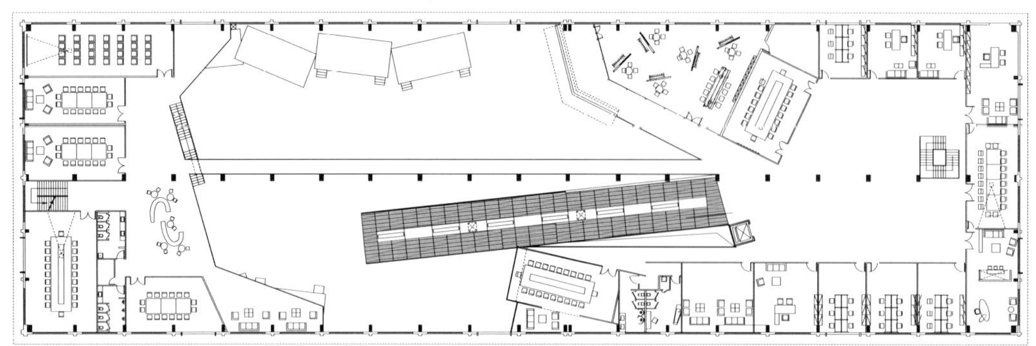

二层平面图

04 剖面图
05 平面图
06 登机旋梯似的入口

07 从二层西侧看一层入口前台
08 小型的交流空间单元

设计特色：划分

办公楼内功能的重组和空间的划分很有特点。原厂房室内净高 10 m，设计师在厂房东西两端增加了夹层，原有的单一通常空间被水平分成东、中、西三个区的复合空间，东西有夹层的两区通过 60 m 的走廊相连。

办公楼一层以陈列和办公为主，二层则主要作为会议和洽谈区域。不同区域，设计师运用不同手法再次细分空间，形成丰富多彩的空间氛围。在开敞的大空间中，一、二两层有 U 型玻璃和铝条制成的“集装箱”串联穿插其中，作为办公室、洽谈室或会议室使用。在大空间嵌套小空间的处理中，经典的工业装置样式具有的流动感，使空间活跃起来，不仅强化了流畅性和整体感，较之方正的隔间反而更有趣味。接待台后，建筑外层表皮主题重现，包覆了二层的大洽谈室，内层表皮则是一幅贴覆在大洽谈室外立面上放大成点阵的泰国热带雨林的照片，两重二维界面的叠加与渗透，虚实相生，内外交融。大洽谈室内以几块斜置的木隔板区隔空间，划分出小的洽谈区域，既能减少相互干扰，保有相对私密性，又不乏开放轻松的气氛。

针对企业流行发布的需要，设计做了的巧妙处理。利用通达二层的楼梯与空中走道，将交通干线轻易转换为展示舞台。46 m 长 6 m 宽的大台阶，演出时就成了长长的缓坡 T 台。联系东西两区的 60 m 走道，依着梁柱架起，两边透明的玻璃围栏虚划了空间，又是一处简炼纯净的秀场地。从大厅、缓坡台阶道长长的空中走道，不仅提供了不同大小和不同欣赏视觉高度的表演区，还潜在的暗示、规定了表演者不同行动速度和方向维度。

设计特色:氛围

无论是室外形象,还是室内空间氛围,新改造的建筑在保持时代气息的同时,都散发出浓郁地丝绸文化韵味。在办公楼陈列空间中,两块巨大的老木板拼出的长条桌引人注目,精美的丝绸与饱含岁月痕迹的木质并置,促人沉思。在综合楼高管接待用餐区的设计中,设计师融入传统元素,以经电脑刻花处理的白色高密度板拼合出沿窗的走廊墙面和天花,自然光线透过镂空射进室内,留下窗花般的剪影效果,突出餐厅的东方韵味。提炼了中式传统语言的黑色檀木格栅线条简洁,清晰地划分出用餐单元空间,隔而不断,光线在其间游移,带出时间的节奏与空间的序列。设计通过轻盈精致的材料、传统特色的图案和光影等手段的综合运用,为企业塑造出特色鲜明的城市形象。

09
10 | 11 12

09 46 m 长 6 m 宽的大台阶在展示产品时就成了长长的缓坡 T 台
10 老厂房屋架下玻璃和地板混合有清冷和温暖，如丝绸的感觉
11 数字链装饰空间增添情趣
12 无影灯聚焦下的沧桑的长木凳

13
14

13、14 洽谈区

15 | 16

15 高级职员和宾客用餐区

16 黑色檀木格栅线条简洁，划分出用餐单元空间

17 | 18

17 用餐区

18 电脑刻花处理的白色高密度板拼合出沿窗的走廊墙面和天花，窗花般的剪影效果，突出了餐厅的东方韵味

蜜桃

蜜桃西餐厅设计

设计　张健

撰文　陈宇

项目名称:METOO CAFE 蜜桃西餐厅

项目地点:杭州金华路丝联 166 创意园(原杭丝联厂房)

面　　积:约 420 m^2

设计时间:2008.04

竣工时间:2008.06

工程造价:35 万

主要用材:旧木材,旧砖,旧家具

项目概况

杭州市拱墅区运河沿岸曾经聚集了很多工厂，在产业升级、城市扩展的过程中，大批旧厂房闲置，如杭州一棉、大河造船厂、杭州丝联、杭州蓝孔雀化纤公司腈纶厂等。近年来，在整治运河地区的过程中，这些工业遗存的价值得到重视，被看成重要资源正重新被利用。其中杭州蓝孔雀化纤公司腈纶厂已被改造成 loft49；杭州风巢企划有限公司与中国美院美术中心有限公司合作，计划分两期逐步把杭州丝联老厂区改造成为"杭州理想·丝联166"文化创意产业园。

杭州丝联实业厂房位于杭州丽水路 166 号，"丝联 166"得名于此。一期 6600 m^2 的厂房改建后已经有 27 个单位、32 家实体企业入驻，有广告公司、影视公司、体育传播公司、摄影师、画家、陶艺、各类设计师工作室等。蜜桃西餐厅是作为一期的配套设施建设的。该园区目前正筹建杭州丝绸产业博物馆，占地面积 8000 m^2 的二期项目也即将启动。

价值评估

杭州丝联实业有限公司，前身为杭州丝绸印染联合厂。厂区占地 2 万平米，建造于 20 世纪 50 年代，厂房层高 5~7 m，由苏联专家设计、前民主德国工程师监工，是浙江建成的第一个有锯齿形天窗的工业厂房。它是杭州丝绸工业发展特殊历史时期的标志之一，2007 年被杭州市政府认定为杭州工业遗产保护单位。

蜜桃西餐厅所在的厂房本是杭州丝联的空调车间，空调车间与有锯齿形高大空间的主生产车间相比，室内空间、外部造型都很普通。空调车间是为全厂生产服务，现在改造成为整个园区服务的餐饮倒是与其历史作用一致，只不过一个提供冷风或热风，一个是提供冷食或热食。

从以上分析可以看到，杭州丝联实业是杭州近代工业发展状况的重要历史见证，其厂区建筑是反映这段历史的重要载体。从建筑本体来看，厂区建筑有一定的审美价值和空间再利用的潜力。

改造策略

根据园区的总体规划和杭州市政府对杭州工业遗产保护单位的要求，杭州丝联的改造以"保留、改造、新建"并举为原则，在保留原有建筑立面和建筑结构的前提下，根据新功能要求进行改造。空调车间本身虽然缺少特色，但它是厂房建筑群的有机组成部分，为了保证历史遗产的完整性，空调车间的改造也应遵循同样的原则。蜜桃西餐厅改造保留了原有建筑立面和主体结构，加建了阳光餐厅和一处小庭院，对室内空间结构进行了改造，获得了新旧复合并置带来的丰富体验。

01
02

01 沿着厚实的、红砖铺设的小路就可以进入室内了
02 平面图

03
04

05

03 白色的木结构从旧有的墙面延伸出来与透明的玻璃完美结合
04 童话般剔透敞亮的阳光房
05 主就餐区小小的陈设台上摆放着各处搜集而来旧时的物品

06	07 08
	09 10

06 圆形的孔洞，长长的桌子延伸过去，给客人别样的会餐体验

07 设计师保留了原本厂房所用的大风扇，它是这个旧厂房最有代表性的标志之一

08 卫生间的外部看似简陋，可是推门而入也能让人有惊艳的感觉

09、10 VIP 包厢看似相同，却还是在细节上体现了差异

消失的建筑

Z58 中泰照明

设计　限研吾

撰文　陈宇

项目名称：Z58
项目地点：上海市长宁区番禺路 58 号
业　　主：中泰照明公司
设计时间：2003.10~2006.07
建成时间：2007.01
基地面积：961.91 m^2
建筑面积：3159.34 m^2
建筑设计：限研吾建筑都市设计事务所
室内设计：ZLG 建筑事务所
摄　　影：Fujitsuka Mitsumasa 莫尚勤

01

01 隐藏在都市中的 Z58

项目概况

上世纪五十年代到八十年代，上海手表行业风光无限，拥有一块上海产的手表是大多数人引以为傲的事。九十年代后，手表行业竞争整合，很多手表厂破产转制。位于上海市长宁区番禺路58号的上海手表五厂也在1992年破产，转制为民营企业。2003年，中泰控股集团发现了手表五厂闲置的三层厂房，决定把它改造为创意设计交流中心。在与多个建筑师的交流后，中泰最后选中日本建筑师隈研吾来做该项目的改造设计。经过半年的改造，创意设计交流中心于2007年1月28日宣布落成和启用，并被命名为Z58。

Z58有三千多平方米，共4层，每层功能自成一区。一层是公共展览空间；二层是照明设计和照明产品展厅；三层是办公空间；四层为休闲住宿。该创意设计交流中心以推广国内外照明设计和产品的新技术、新理念为主导，同时业务扩展至城市、建筑、景观等设计领域，成为上海创意产业中有鲜明特色的"公共技术服务平台"。

价值评估

上海手表五厂的这栋框架结构的三层厂房建于文革时期，建筑本身没有什么特点，而所处的位置比较特别。厂房东侧紧靠番禺路，与西侧和北侧的相邻建筑距离都很近，而南面是孙中山家族的花园，花园面积虽然不到一公顷，但在上海老城区中弥足珍贵。

改造策略

好的设计一定是业主与建筑师良好合作的结果，共同的价值观是良好合作的前提。Z58的名字来源于中泰控股的首字母和番禺路58号地址上的数字。Z58：中泰+58号，表达了与环境融合的理念。中泰控股集团希望建筑与环境融合的同时也能反映中泰控股集团的业务特点。日本著名建筑师隈研吾的方案因为很好地回应了这两方面的设计要求而被选中。

隈研吾的建筑观中最重要的就是强调建筑与环境的不可分，他提出的"反物体"、"弱建筑"、"让建筑消失"等主张都是针对着建筑与场地的紧密关系而言的。在其"从工业性建筑到农业性建筑"一文中，提出"建筑本质上是农业性的"，建筑是与土地不可分的，建筑设计应该拒绝复制。隈研吾的很多作品如龟老山展望台、石美术馆、竹屋–长城脚下的公社都具体体现了他的设计观。

在Z58项目设计中，建筑师只保留了原厂房的骨架，并采取多种方法，最大限度地利用环境优势。这样的改造策略非常成功，在拥挤稠密的大都市，建筑师把一栋毫无特色的旧厂房改造成为充满生机活力的新空间。

02 Z58 的街景，这栋由旧厂房改造而来的，集展示、设计作业、办公及为公司客户提供住宿等功能为一体的复合建筑与周围环境相谐而居

设计特色一:生态滤网

生命离不开水、空气和能量,人与自然融为一体一直是东方古老哲学所追求的理想境界。如果人能在大自然中快乐生存,大概也不需要建筑了吧!而面对洪水猛兽,作为庇护所的建筑确是不可或缺的。在环境形势日益严峻的今天,生在大都市的人群更多地感受到呼吸空间被挤压得窒息。限研吾敏锐地抓住这个项目的关键,在稠密的大都市中,把建筑做成生态滤网,隔绝了外界不利因素,引进光、水、绿、空气的同时,使建筑与环境融合在一起,"让建筑消失"。

为了让建筑与环境融合,建筑师重点处理了建筑外表面和内部空间组织。对于原厂房外表面,只有三个面是可呼吸的空间:东面——番禺路,南面——孙中山家族花园,顶面——天空。建筑师在去除原有建筑墙体后,在处理外表面时,针对不同呼吸面的特点,采用了不同特点的滤网。东侧是城市街道,建筑师在东立面采用了玻璃幕墙和镜面不锈钢百叶,隔绝了噪声的同时,调节了遮阳、光线和视线。东立面最有特色的是在不锈钢百叶间遍植了常春藤,常春藤和街道上的梧桐树倒映在百叶上,整个东立面消失在巨大的绿篱中。厂房南侧的孙中山家族花园是都市中珍贵的绿色景观,空间开阔,改造后建筑朝南一侧都采用了通透的大玻璃。原厂房三层,建筑师在其上用钢结构框架加建了一层,在这一层建筑师安排了健身房、葡萄酒窖、雪茄吧、两间客房和一座玻璃厅,这些空间的顶面都是玻璃加电动百叶,可以自由调节开闭,改变室内与天空的联系状态。加建的顶层南部楼面全部为水池,在玻璃厅处,水面向北延伸,三面包围了玻璃厅。在顶层的主要活动空间内南望,越过水面就是天空、绿色的花园和远处的建筑群,以水为建筑内外的过渡界面,使顶层如空中楼阁,柔化在环境中。

在内部空间组织方面,建筑师尽可能把交通、储藏、卫生间等辅助空间设在建筑北侧,而把主要活动空间设在建筑东部、南部和顶部。空间这样组织,无论是在一层二层的展览大厅中,还是在顶层的休闲空间、三层的办公单元里,观看南侧花园和开阔天空的视线都不受遮挡。在 Z58 中,最令人难忘的是入口大厅。在城市与建筑主要活动空间之间,入口大厅通过绿篱(不锈钢百叶间和常春藤)、水庭和水幕三道滤网,滤去嘈杂的声音、烦乱的心情、烈日的曝晒和仆仆风尘,使你安静地走进展厅,期待艺术和技术带来的感动。

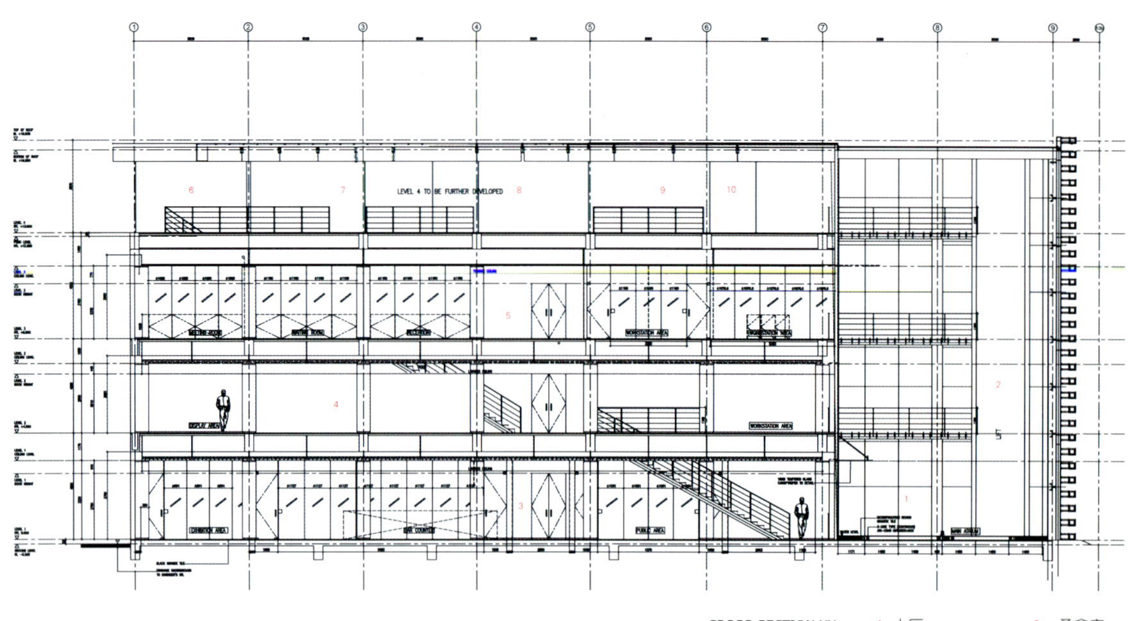

CROSS SECTION XX

1. 大厅
2. 电梯
3. 公共展览空间
4. 展示厅
5. 开敞办公区
6. 桑拿房
7. 健身房
8. 阅读区
9. 厨房
10. 酒窖

03	06
04 05	

03 剖面图

04、05 Z58 的中庭。沿街的三个跨距被拆除，中泰用 1000 m^2 的空间，打造一个可以呼吸的水中接待大厅

06 光的世界

设计特色二：光的表演

业主的主业是照明，而照明设计的创意和灵感往往来自自然光。对于一栋白天使用为主的建筑，自然光的设计应该比人工照明更重要。 建筑师通过空间的精心设计和多种材料的综合使用，使整栋建筑如套叠的魔术光盒，不仅使人们获得丰富的视觉体验，也使穿行其中的人们更添光彩。

在 Z58 中，光的表演在顶层、楼梯和入口大厅三处最精彩。顶层是南向和竖向两个维度上光的混合表演，由于顶层设置了活动百叶屋顶，同样的空间可以在南向光照和天台顶光两种不同氛围间瞬息转换，水池的反射、倒影，玻璃的投射、折射、反射，光波在四处流转，实体逐渐消失，空间更加深远。在建筑中部，连接各层的东西向的单跑楼梯处，光的表演主要是竖向的，来自屋顶的天光通过两个洞口直泻而下，一直照亮到底层，使进深很大的建筑中部不再幽暗，楼梯上行走的人在戏剧般的光照下更加生动。

而入口大厅是一出光的盛宴，在空间的 6 个方向上都有光的演出。入口大厅顶部是玻璃天棚，阳光投下动态的光影；大厅东侧是玻璃幕墙、镜面不锈钢百叶和常春藤的复合表皮，除了自然光的投射被切割细分外，街道上行人也不断为光的旋律增加装饰音；大厅南侧是透明的玻璃幕墙，天空、花园景致乘着光线毫无遮拦地抵达大厅；大厅西侧整个墙面是略有倾角的层叠的玻璃面，水幕从屋顶处泻下，随层叠的玻璃面波动，光影旋律的变化细腻委婉；大厅北墙是全镜面，不仅延展了空间深度，把空间的主轴朝向拉回到南侧花园，大厅的光影变化也在镜面中有了第一次变奏；大厅地面主要是静静的水池，小小涌泉给水面添点动感，水池也如镜面，更含蓄地为大厅光影的旋律奏响又一次变奏。入口大厅的每个面不同的材料、构造、划分等处理形成了不同的物理特性，为光的反射、透射、折射、衍射提供了不同的条件，形成了不同的光影效果。建筑师凭借丰富经验，把大厅 6 个面的不同光影效果整合在一起，谱写了一曲以自然光影为主题的优雅旋律。

07 流水自条纹玻璃上滑过，一道绿色的、流水的屏障在喧嚣的上海市内构建出一个清新别样的世界

08 水在 Z58 中扮演了非常重要的角色

09 一层平面图

一层平面
1. 入口
2. 前台
3. 大厅
4. 水池
5. 电梯
6. 洽谈室
7. 公共展览空间

10 贯穿四层的单跑楼梯加强了空间的竖向流动

11 在 Z58 二楼 100 平方米的空间里，不定期地展现世界工业设计前沿的代表作品。途中陈列的是世界顶级灯具品牌 FLOS 的灯具

12 二层平面图

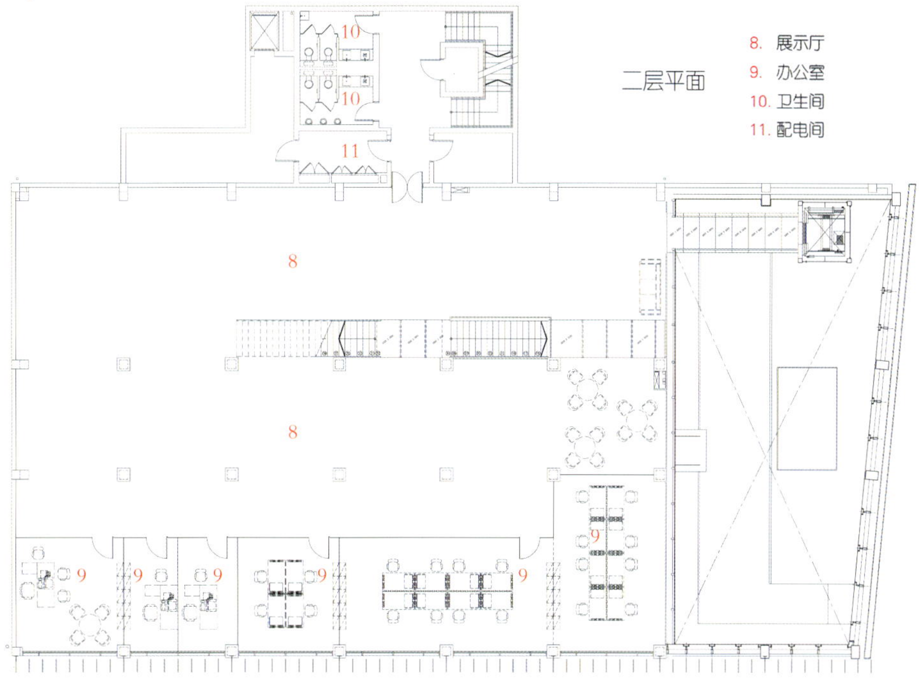

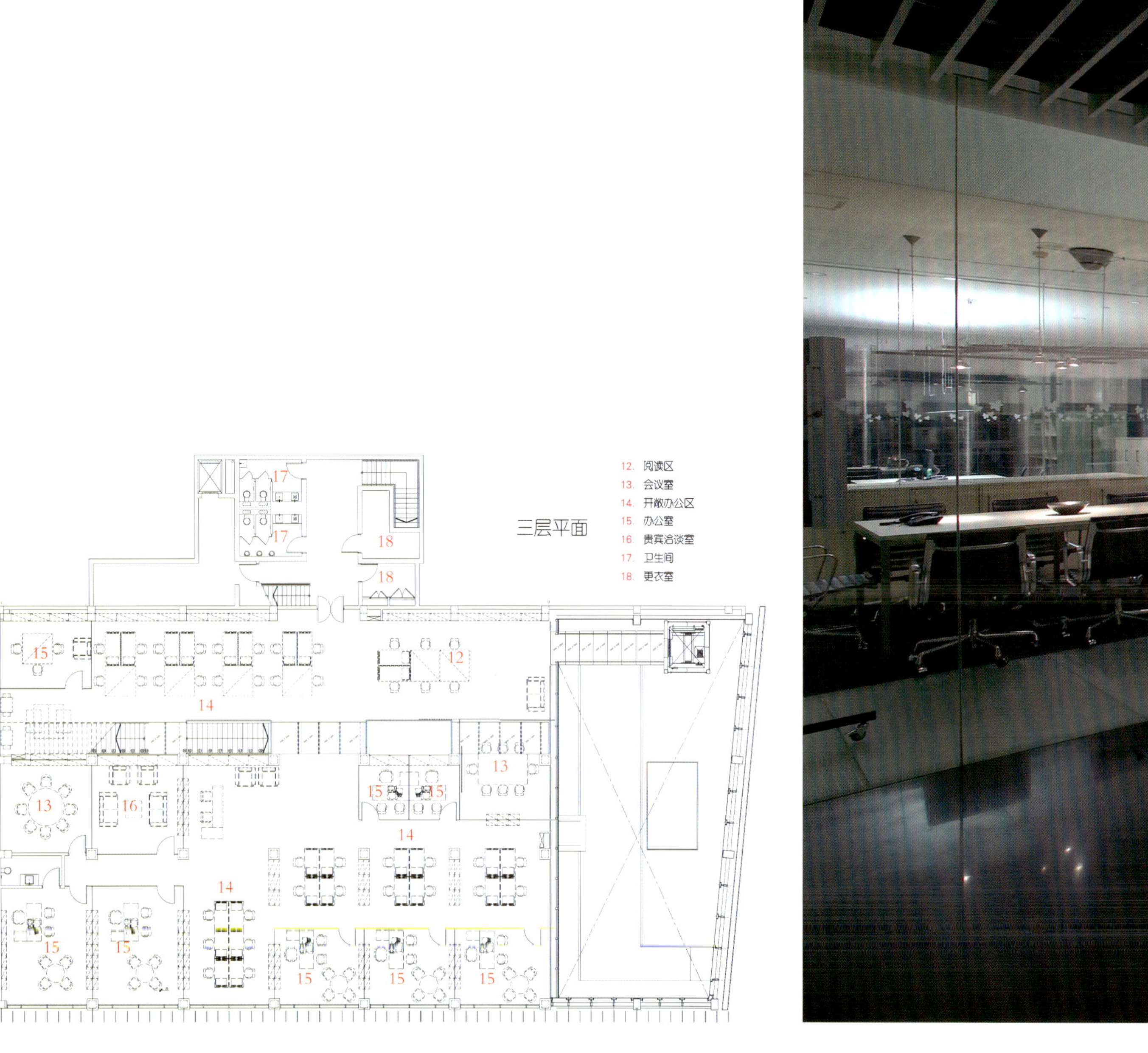
三层平面
12. 阅读区
13. 会议室
14. 开敞办公区
15. 办公室
16. 贵宾洽谈室
17. 卫生间
18. 更衣室
12
13
14
15
16
17
18

13 三层平面图
14 Z58 三楼，透明的、开放的、高效的、鼓励沟通与交流的办公空间

15 会议室

16 Z58，让你体味上海的新味道。在四楼客房，除了在传统酒店与高耸的宾馆内享受不到简约、奢华和艺术品味，你还将躺在满天的星光下欣然入梦……

17 四层平面图

18 Z58 四楼，休闲是这里的主题

19 Z58 四楼以水和绿色为媒介与孙科花园连为一体

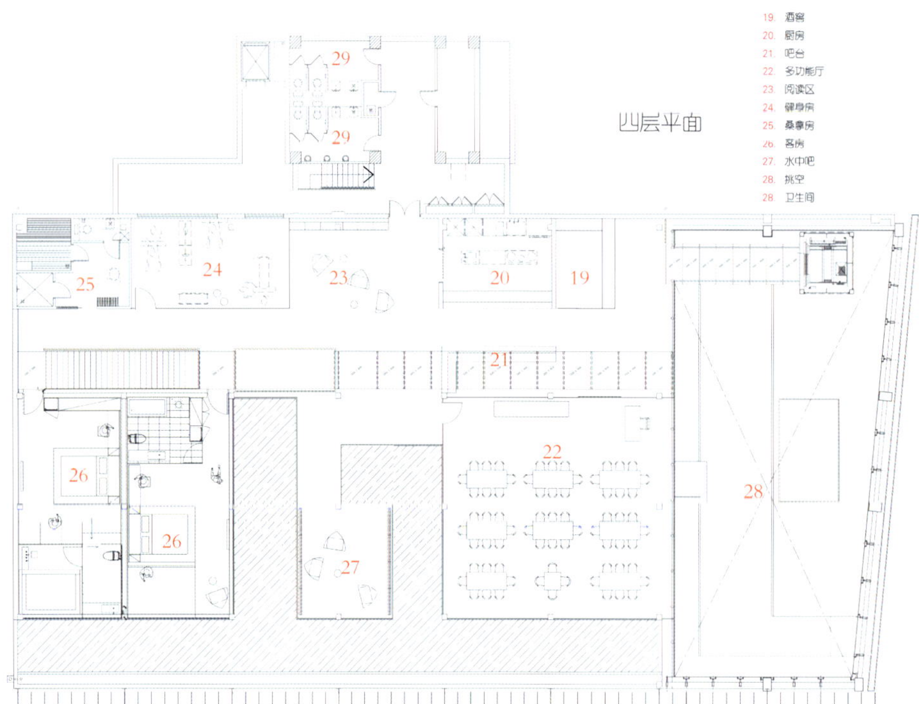

磨出的水泥世界

“19 叁Ⅲ”老场坊

设计　中远国际工程设计研究院

撰文　陈宇

项目名称：原上海工部局宰牲场

项目地点：虹口区沙泾路 10 号

建成时间：1933.11

建筑设计：巴尔弗斯

改造建成时间：2007.11

建筑面积：约 3.3 万 m^2

01

01 19叁Ⅲ老场坊

项目概况

2006年8月1日，上海创意产业投资有限公司与锦江国际实业发展有限公司举行签约仪式，租赁地处虹口区沙泾路10号、29号地块，建设创意产业集聚区——"19叁Ⅲ老场坊"。

"老场坊"位于沙泾港、浦虹港两条水系的交汇处，原名上海工部局宰牲场。1929年2月，公共租界最高行政机构工部局在虹口的肇勒路(今沙泾路10号)购买了18亩地，建造当时远东地区最大的现代化屠宰场，1933年11月建成。1937~1969年间，此处主要作为屠宰和食品加工、研究等场所，名称包括市立第一宰牲场、上海市营宰牲场、中国食品出口公司上海宰牲厂、国营上海冻肉加工厂、东风肉类加工厂、上海长生食品厂、上海肉类食品厂、上海市食品研究所、上海市食品综合机械厂。在20世纪70年代，此处被改建为上海长城生化制药厂，2002年制药厂停工，厂房闲置。2002年春节，原上海市房地局高级工程师薛顺生老先生发现了这栋淹没在老城住区中的珍品。2005年10月31日，这座建筑被上海市政府正式挂牌为优秀历史建筑。

在签约建设创意产业集聚区后，相关各方迅速开展各项工作。2006年9月16日，上海市文物保护管理委员会等部门对老场坊进行文物保护研究论证；2006年10月22日，中远国际工程设计研究院被选定为老场坊保护性修缮工程的设计规划单位，英国创意产业之父霍金斯联袂规划了老场坊；2007年11月1日，19叁Ⅲ老场坊修缮改造工程顺利完成。

02 24座廊桥将外部方形立面与中心园区域进行连接
03 在尽量保留历史建筑原貌的同时，1933 在重新修复的过程中，通过巧妙的构思为租户提供更多的使用空间

价值评估

上海工部局宰牲场老厂房具有实用价值、经济价值和历史、科学、技术、社会文化、建筑艺术等多方面的研究价值，这是旧产业建筑改造中罕见的实例。

空间区位——老场坊所在地段位于沙泾路与海宁路交界，紧靠吴淞路，距外滩也只有 500 m，交通非常方便。周边除了高层建筑九龙宾馆紧靠厂房外，周边多为低层的上海旧里弄住宅，沙泾港与虹口港两条弯曲的河水在此交汇，开阔的视野和临水空间在上海稠密的老城区是稀缺资源。原沙泾路如条羊肠小道，违章建筑杂乱无章，成片成排的石库门年久失修，虽景观破败，但经过整治，也可成为有历史文化特色的景观区。

建筑空间——三万多 m^2 的旧建筑共四层，空间外方内园，口子形的外围建筑通过若干楼梯与中间一座 24 边形的主楼相连，布局简洁明了。建筑内部分为宰牲场、废肉抛弃所、鲜肉市场和冷藏室，各部分之间都有楼梯或坡道联系，建筑结构采用无梁楼盖体系，空间开阔灵活。原建筑设计和施工质量很好，虽然已使用了 70 多年，主体结构完好。这样的空间是优质资源，可以通过简单改造适应多种不同功能的使用需要。

建筑艺术——老场坊沿街面造型有浪漫主义的韵致，外观粗犷的表面和精美的镂空花格窗对比鲜明，其它几个立面开窗与内部空间的功能对应，建筑内院的楼梯坡道众多，空间和景观丰富多变，粗壮的立柱、牛腿和混凝土实体栏板也使建筑有粗野主义的力度；建筑内部有巴西利卡式的开敞空间，当阳光在室内投上大片花格窗的阴影，空间隐约有伊斯兰建筑的室内氛围。此案例是建筑艺术与生产工艺完美结合的典范。

老场坊是英国建筑师巴尔弗斯设计，上海余洪记营造厂建造。建筑全部为钢筋混凝土结构体系，其中加工车间采用了当时的先进技术——"无梁楼盖"结构体系。整个建筑全部按照英国的宰牲场设计标准建造，建筑空间布局清晰，所有的空间、流线和交通组织都与生产工艺流程紧密配合，使用方便。如建筑设坡道，运来的牲畜沿着坡道，可放松地从 1 楼登上 4 楼；在肉品分割车间，设有专门的滑道，动物内脏等部件可无动力滑到底层的杂碎处理间。牲畜的屠宰也有人性化的考虑，从入场到经电击后进入分解车间，牲畜基本上是在没有痛觉的情况下被处理的。老场坊的这些特征决定了其作为上海近代产业建筑历史和技术发展信息的重要载体。

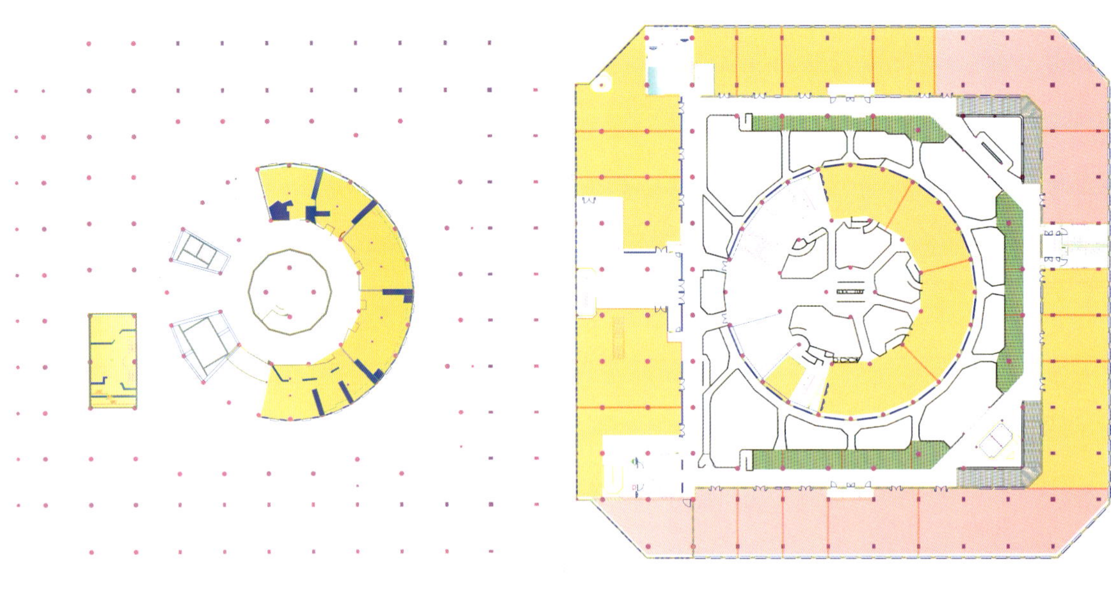

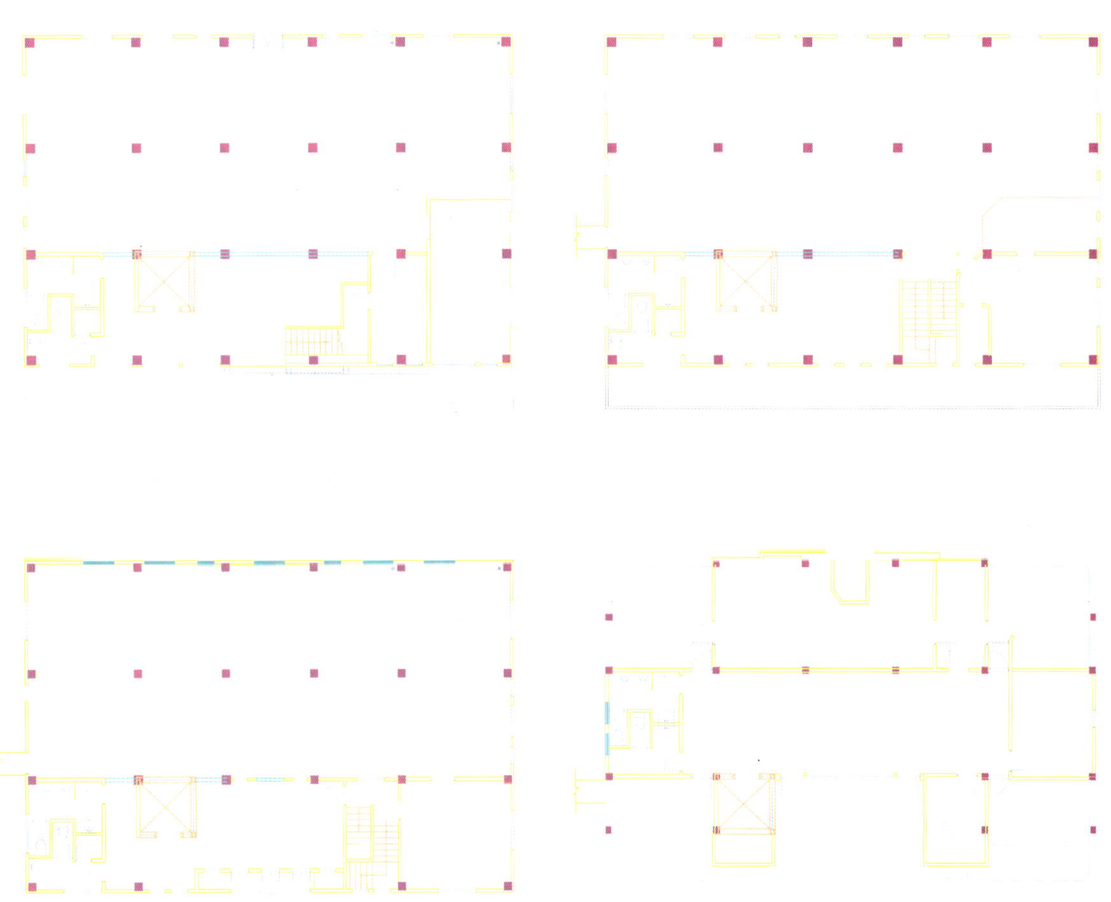

04 05 | 10
06 07
08 09

04 地下室平面图
05 一号楼 2 层平面图
06~09 二号楼 1~4 层平面图
10 1933 创意型租户之一高文安设计有限公司的设计作品。充满装饰艺术气息的 1933 吸引了大批的创意人士，同时也为创意公司提供免费的作品展示空间

改造策略

由于老场坊具有多方面的价值，整个项目以修缮保护、恢复原貌为第一原则，展示利用为第二原则。经过专家、学者的研讨论证，宰牲场将整修恢复原貌，同时结合新的功能需要，在不损害原建筑的原则下在建筑内部增加新的建筑要素，使其重新融入公共生活，为历史建筑注入新的创意、人文、生活理念。

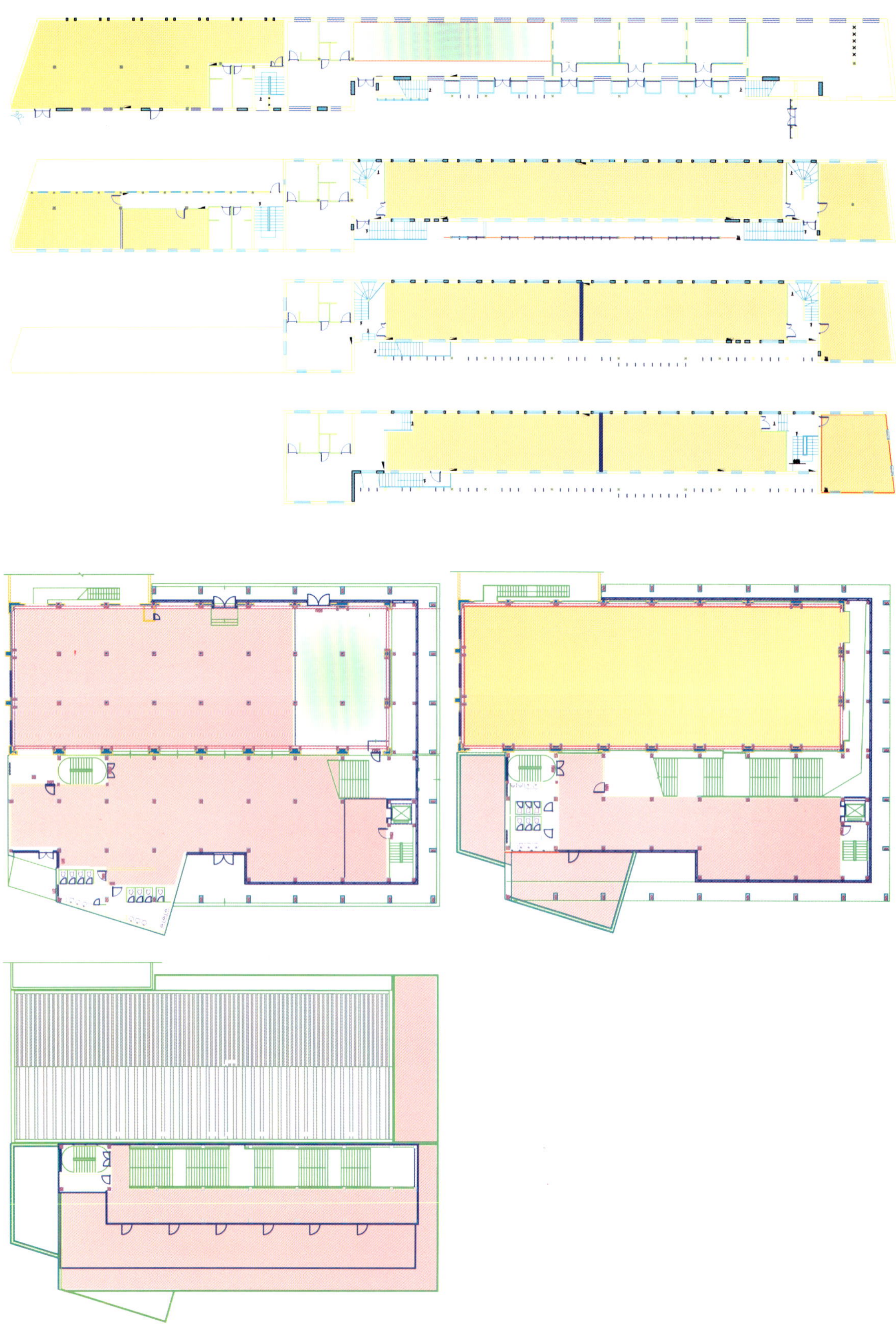

11	13
12	

11 三号楼 1~4 层平面图
12 四号楼 1~3 层平面图
13 1933 内部一隅

14 建筑和混凝土桥的相连，为 1933 营造出迷宫般的效果
15 几何图形和光影的交织效果烘托出 1933 的恢宏气势

16 17 18

16 19 叁Ⅲ经历风雨，但其宏伟的建筑结构以及自然的工业艺术设计风格始终完整如一

17 中心圆区域原始的洞穴车间、老式城堡过道、独特的桥廊和坡道

18 审美、艺术和文化的精致品味

设计特色一：时空交叠的新城市空间

老杨坊和周边的石库门里弄住宅是重要的建筑文化景观资源，蜿蜒的河道是重要的自然景观资源，两者结合可以形成特色鲜明的新城市空间。为了达到这一目标，主要有三项工作要推进：

一是恢复特色建筑的自身价值，包括老杨坊和石库门的修缮。根据改造修缮工程方案，对原建筑进行整修，重点保护和修缮建筑的外立面、坡道、连廊、无梁柱帽、混凝土花饰、铸铁通风口花格等典型元素，已损毁的按原式样、原材料、原工艺进行恢复，修旧如旧。该建筑外内院含有四层相互连接外廊的26座斜桥，此次修缮时，拆除了后期增设了两座新桥。室内经过清理，建筑露出了灰色的水泥底色，镂空的花格窗内侧增加了黑框的玻璃窗，色彩宁静典雅。经过认真修缮，老杨坊几乎完全恢复到1933年竣工时的样子。虹口区政府也投资翻修改造了周边的石库门。

二是留出展示的空间。改造项目实施时拆除了沙泾路和周边的违章建筑，原老杨坊内院也被清理出新，整修一新的历史建筑展现在公众面前。

三是环境设施的配合。开阔的沙泾路成为步行空间，地面铺上了小块路石，种植了景观树，布置了老上海30年代式样的路灯，滨水空间铺上了木平台，新的沙泾路成为热闹的城市客厅。

通过改造，老杨坊成为城市活力的启动器，开放的空间沿河、路、广场象周边渗透，将带动1平方公里区域的城市更新，在联动建设的整体策划下，该地区将形成集商业、文化和旅游为一体的国际社区。

设计特色二:空中剧场

老场坊内院中圆形建筑室内空间层次丰富,绕柱的螺旋楼梯成对盘旋在核心垂直贯穿空间中。顶楼的圆形大厅被改造成空中剧场,中间的圆形舞台舞台是透明的玻璃地板,可自由升降,透过玻璃地板可以清楚看到下面层叠的建筑空间和盘旋缠绕的楼梯。

空中剧场有 1400 m^2, 可以容纳 500 人, 改造时考虑了不同使用要求的演出场地大小和观众席位的调整变化。灵活的大空间可以举办派对、各种创意产品的发布、时装表演和各种文艺演出等多种活动。

使用情况

老杨坊的改造无论在社会效益、文化效益或是经济效益上都是成功的。2007 年 10 月 5 日,老场坊在改造还未完全结束时就成功地举办了 "法拉利 F1 方程式庆祝和慈善派对晚宴",三周后,又举办了雷达表之夜。在 2007 年 11 月 21 日刚刚结束的上海创意产业活动周上, 老杨坊吸引了数十个创意设计代表团。管理者计划以创意产业为主体的产业结构,吸纳建筑设计、时尚设计、工业设计等设计型企业入住,并重点营造上海时尚中心、上海知识产权交易体验中心、上海自然形态历史博物馆、老上海影视拍摄基地、顶级男人创意体验中心。

老杨坊原做仓库时每平方米租金只有 0.3~0.4 元,现在以 0.8 元的租金给创意产业园。虽然改造投资巨大,但根据目前经营情况推算,投资很快就可回收。 对于周边居民来说,不仅居住环境得到改善,原来的破旧的石库门也开始增值,房租会很快上涨。